U0858121

成就不可替代的自己

谢翀　著

Cheng Jiu Bu Ke Ti Dai
De Zi Ji

民主与建设出版社

图书在版编目(CIP) 数据

成就不可替代的自己 / 谢翀著. -- 北京：民主与建设出版社，2016.10

ISBN 978-7-5139-1307-2

Ⅰ. ①成… Ⅱ. ①谢… Ⅲ. ①成功心理—通俗读物 Ⅳ. ①B848.4-49

中国版本图书馆CIP数据核字(2016)第249050号

成就不可替代的自己

出 版 人　许久文
著　　者　谢　翀
责任编辑　刘树民
装帧设计　风爱水
出版发行　民主与建设出版社有限责任公司
电　　话　（010）59417747　59419778
社　　址　北京市朝阳区阜通东大街融科望京中心B 座601 室
邮　　编　100102
印　　刷　北京欣睿虹彩印刷有限公司
版　　次　2016年12月第1版　2016年12月第1次印刷
开　　本　880mm × 1230mm　1/32
印　　张　8
字　　数　170千字
书　　号　ISBN 978-7-5139-1307-2
定　　价　36.00 元

注：如有印、装质量问题，请与出版社联系。

目录
contents

情感篇 CHAPTER 02
但愿你的世界都好

励志篇 CHAPTER 03

照亮人生的梦想

心灵篇

别让眼光局限了 你的境界

提升你的境界，
就是开阔了你的眼界，
延展了你的世界。

过好自己的每一天

握清欢在手，掬淡泊于心。忙累了，就歇一歇，随清风漫舞，看绿植摇曳；心烦了，就静一静，与花草凝眸，与山水对视；走急了，就缓一缓，和自然对话，和自己微笑。生活有序，心自无忧。生活没有绝望，只有想不通；人生没有尽头，只有看不透。

为自己设置最可心的起床闹钟铃声，醒来后会心情舒畅。

外套要挺括，贴身衣物要尽量松软；鞋子要有款有型，袜子要柔若无物。

吃顿营养早餐，微笑着出门，微笑着踏进办公室。微笑是天然的电磁波，能够消灭周围潜在的冷漠和敌意。

不要持续伏案工作超过两个钟头。有事没事都找机会暂停一下手头事务，让眼睛休息片刻，伸伸懒腰，或者什么都不做，放松一会儿。

晴天时，一定记得去晒晒太阳，你的心灵也需要光合作用。

无论多忙，都要午睡，20 分钟或者半个小时便足够。

亲近绿色。欣赏案头盆栽或室外绿化物，借此唤醒生命意识，提醒自己活着多好。

看爱情剧，但不要拿剧情来比照自己的婚恋状态。

与人通话时，第一时间奉上“你好”，可熨帖自己、打动对方，温暖身边人。

非正式场合，遇有人争执，保持中立。不批评不在现场的人，会让你身心保持宁静，这一点是道德要求，也是生活智慧。

光顾顾客多的店铺。回头客多，自有其中的道理。

每次外出和回家尽量走同一条路线，那些熟悉的街景和相对熟识的面孔会增添世俗生活的亲切感。

包里一定要有零钱。这样可以节约好多时间，少费好多口舌。

别人帮了你，记得当面道谢，然后发条短信或电子邮件致谢；拒绝了别人的求助，也这样去做。

除了购物、泡吧、聚餐、K 歌，还有更简约的消遣方式：晴天运动，阴天散步，雨天宅在家里看自己喜爱的电影。

除非迫不得已，拒绝夜生活。

每天都要给自己最好的交代。每天不只图乐和，更要图平和；每天不只求精彩，更要求精致。

生活就是这样，在每天给自己一个交代，在匆忙中活出一份超越的智慧，在那平凡中去走出一条人生的轨迹，动也是好，静也是好，宠辱不惊。拿也好，放也好，去留无意。纷繁的喧闹中，活出一份内心的宁静、沉淀，或者是一分安详，让命运在平和中运转。

做一个幸福的人

有人说，幸福不能用语言描写，只能用心体会，体会越深就越难以描写。幸福不是给别人看的，与别人怎样说都无关，它只掌握在自己手中。人们都在说，要做一个幸福的人，那么，幸福到底是什么？

很早之前有个豆友说我一定能出书，到时要送他一本。我当时满口就答应了。

新书即将上市，我想起当初自己的承诺，于是发豆邮去问他的邮寄地址。小伙子很快就回了信：“能把出书的想法这么快实现，这样的行动力是我的榜样啊！现在是您鼓励我了，兑现了约定，感动之余也感受到了正能量！一定会继续支持的！”看完这几句话，我不禁脸红，因为里面的“榜样”和“您”这样的字眼。我觉得自己其实也没有那么正能量。我会因为冬天赖被窝而不去晨跑，会因为一点小事和男朋友发脾气，我只是一个最普通的姑娘，一路走来，我觉得自己很幸运，追求的梦想一点点实现，欲望清单上打上一个个钩。

想去西藏旅行，我就去了；想去云南徒步，我出发并平安归来了；想一个人生活，我现在已经独自生活半年了；想出书，这个月我有两本新书上市。幸福是什么？电影《飞屋环游记》里说：幸福，不是长生不老，不是锦衣华食，不是权倾朝野。幸福是每一个微小生活愿望的达成。如果按照这个标准衡量，我无疑是幸福的。

日本作家新井一二三在散文集《午后四时的啤酒》中讲自己多年前看郑念写的《上海生与死》，印象最深刻的一幕是她被捕当晚，平生第一次住在满是灰尘的监狱里，睡觉的时候把口袋里的面纸拿出来，一张一张贴在床边墙壁上。即使在牢中，郑念也要尽量把自己的居住环境弄干净、舒服。看到这里时，我感触很深，共鸣不已。前几日上海降温，我体质又畏寒，夜里冷得睡不着，躺在被窝里翻来覆去，若是换作以前的我估计对付着蜷缩一夜。可是那晚我没有这样对付过去，起床穿衣，用电水壶烧水，然后用微波炉给自己热了一杯牛奶。万籁俱寂的冬夜，我坐在床边一边舒舒服服地用热水泡脚，一边喝着热牛奶，然后全身热乎乎地睡着了。

新井说：“人之幸福、生命之充实，并不取决于物质环境的优劣，而取决于个人的自尊心和对生活细节的关注。只要是认真、细心地过日子，生活始终会充满着惊喜，永远是创作灵感的来源。”幸福，说到底是一种能力，没有幸福能力的人无论在哪里、和谁在一起都不会幸福，三毛在撒哈拉那样蛮荒的地方，也能用废弃的轮胎做一把漂亮的椅子，人人争抢着去坐它，这就是一种幸福的能力。这种能力能够让人热爱生活，充满创造力，获得改变。而行动力是一切改变和创造的开始，这么说来，幸福的能力是不是约等于行动力呢？我不确定。

我听过很多人的很多梦想，但是很多的梦想还没有出发上路就已经死亡。我特别想告诉那些有梦想的人，如果你有梦想的话，就要去捍卫它；如果你有梦想的话，那现在就开始行动，梦想不会说说就自己成真。只有出发，才有到达的可能。永远不出发，永远无法梦想成真。如果你已经上路了，我会高兴地为你喊一声“加油”。在梦想之路上，我又多了一个同伴，这会让我更有继续走下去的勇气，我也喜欢看到越来越多的人梦想成真。

幸福是每一个微小的生活愿望的达成。慢慢地，通过自己的行动力，一步步地前进，当你达成的生活愿望越来越多时，你会获得幸福的能力。它让你自信，让你积极、充实，迸发出创造生活的热情，即便身处寒冷的冬夜，你也必将获得温暖。

幸福不是你房子有多大，而是房子里的笑声有多甜。幸福也不是你存了多少钱，而是天天身心自由，不停地干自己喜欢的事。幸福其实很简单，它只是一种感受，一种能体验到的感受，你愿意感受到幸福，那你就是幸福的。能实现自己的梦想，你无疑也是幸福的。

找到自己的白马

一匹高头大马，它企图寻找到适合自己的人生理想，但一直无果。终于有一天，它看到了一位取经人，正顶着烈日徒步赶向西方极乐世界。它走上前去，自我推荐道：“我愿意驮师父到达西方。”这个叫玄奘的师父闻之大喜，与这匹白龙马踏上了西去的道路，这匹白龙马不负众望，获得了佛家真身。

上大学时，有一位学姐让我记忆深刻。

大一时，北京的房价还低得离谱，大学旁边的一些住宅小区一平方米 2000 多元。那时买房也便利，付个几万块首付，每月按揭个千把块，也就买了。

那位学姐拼命打工攒了些钱，又问家里七拼八凑借了点，居然一口气签下了五间小户型的合同。付清首付，简单装修后就统统租了出去，每个月靠租金不但可以还掉月供，还能给自己剩下点零花钱。

十年后，她买下的房子增值到 30000 元一平方米，她卖出三间，另两间房子继续留作租用，一个月有近万的房租收入，堪比高薪阶层。

她并没停下脚步，这些年做基金、炒股、投资一些产业。早早跻身千万小富婆行列。

我曾问过她当初为什么那么有远见。她笑说其实她并不是一个擅长理财的人，只是她当时爱上了一个同样不是北京户口，家庭条件也不好的男生。未雨绸缪，便提前为他们的小家打算。

她与我们开玩笑："没有白马王子，做个白马公主也不错。因为王子随时可能不爱我，但驯马的本事却永远属于我。"

有次看球赛，天降大雨。北京工人体育场门口有个卖一次性雨衣的姑娘起劲地叫卖。我买了雨衣，顺便与她聊了几句，她居然还是个大学生，很实在地对我说雨衣的进货价很便宜，一块钱一件，卖十五块两件，两个小时可以净赚五六百块。不下雨的时候她就卖荧光棒，也能赚个几百块。

我看她在雨里冻得哆哆嗦嗦，问她为什么这么拼命赚钱，很缺钱吗？她说她是从农村出来的，家里有三个妹妹都在念书，全靠她一个人供。她平时还兼着几份工。

我问她是否谈恋爱，她说听我家这情况，哪个男生敢跟我一起承担呢？我说那真是遗憾，你这么好的姑娘……

她眨眨眼，笑了起来："我不怕，自己有本事挣得到钱，给家人花得也踏实。要是真向别人伸手，欠的就不只是钱了。"

同事的妹妹，19岁就得了一种慢性病，虽不致死，却终身有碍于生活。没有男人愿意娶这样的她做老婆。然而我每次见到她，她都没有丝毫悲伤的表情，总是乐呵呵的，见人就热情地打招呼。

她自学了法语和西班牙语，给一些外商当翻译。业余时间她还去学绘画，在不大的家里贴满了画作，谁见了都忍不住赞叹，用色大胆，鲜丽肆意，丝毫看不出是一个身患重病的人所作。

后来有画商看上了她的画，为她办了一场画展，并且销量相当不错。从此她正式涉足艺术圈，身价倍增，有男人开始追求她，声称完全不介意她的疾病，只爱她的才华，希望照顾她一生一世。姑且不论她是否会接受这爱情，结局又是否美满，单是这份为自己打拼幸福的勇气，便值得敬佩与赞赏。

这些女孩没什么不同。不管她们是脚踩水晶鞋还是马丁靴，都会活得风生水起。

白马是本事，公主是心态，她们都是身骑白马的公主。

我们从来无法决定出身，唯一能决定的，是让自己变成怎样的女孩。白马公主，在等到属于你的白马王子之前，不如为自己养起一匹白马，让他觉得爱你的人之外，还有惊喜的附加值。

这不算倒贴，而是他的福气，你的退路。

如果实在没有王子命，那也无妨，索性鲜衣怒马，扬鞭而去，一骑绝尘，潇潇洒洒。

总会有人遥遥指着你说——看，我也想像她一样，拥有一匹自己的白马。

如果你是千里马，与其苦等伯乐的光临，倒不如静下心来，锻炼自己的体魄与精神，无论在什么境遇下，我们都要坚信：我们就是千里马，千里马也可以是自己的伯乐。即使自己原来不是千里马，但是通过自己的努力，你也会变成一匹纵横草原的汗血宝马。

什么事就在今天

人生在世，总会有各种各样的想法，“我想开个豆浆店”“我想写一部小说”“我想去追寻幼时的音乐梦想”……关键是，你行动了吗？没有，所以想法还是想法——赶紧行动，什么事就在今天，想约人喝酒就在今天，因为明天的一切都变了。不如就在今天。

一位大学学英文的朋友，毕业后从事了完全不同的职业。十几年过去，她突然感慨，看到英文时，心里会悄悄地动一下：我有时看翻译书翻译得那么倒胃口，真想动笔翻译一下。我赶紧鼓励她：你完全可以翻译童书啊。童书简单。翻着玩也是好的。当爱好吧，想做就赶紧做。

身兼数职的“小巫女”巫昂，从来是想到什么都去做，结果做成了很多事。也正因如此，一些有疯狂想法的人，喜欢来找她说自己的疯狂计划，巫昂的做法是：只要是不找她借钱，一般是不管三七二十一，怂恿他们先行动。比如有人跟她说：“我想开个豆浆店……想了很多年了。”她肯定会让他立刻出门，站到街上问路人，做“你的早餐吃什么”的市场调研，找个理想店址。也许开个豆浆店在这不景气的世道里头倒闭得很快，但是这期间，他至少学会了磨豆浆，虽然店子不复存在，但是他心里头永久地储存了一段“我曾经开了一家豆浆店，店面只有十平方米，但是店里头经常充满了我最爱闻的豆浆味儿……”的回忆视频……她说得对极了。不做，你如何知道？

我的一位朋友在北京漂了十年之久，结婚生女，一直租房住，北京房价太高，想住像样一点的，根本是把一辈子搭进去。忽一日，她跟我说，我想回家乡内蒙古了。我说，好啊，其实北京有什么好的，它是别人的，与你无关。果然，她真的行动了，举家往回迁。现在在二线城市安定工作，有公婆照料伙食，孩子快乐，大人轻松，周末一家人去爬山，三天小长假开车两小时回自己父母那儿。她说感到了内心安宁。人生不过是取舍而已。做了，机会是 50%，不做，永远是在等待状态。

我的友人李佳，相当有意思。家附近有条老街，有一些特色铺子。李佳说，她的母亲很爱茶，也喜欢老街，闲着无事，能否开个小铺子让老人老有所为？“那地方多贵啊，肯定不行，租金都回不来。”很多人都不看好，可李佳偏去走走问问那些原住民，还真让她碰到了一家小铺子待租，房东自己的房，精力顾不过来，不想开店了，想转租出去问租金，一千两百元。李佳真是意外之喜。这个钱她出得起。即使赔，也在可控范围内，小茶馆，不费事，到点关门，老有所乐，母亲与那边街坊很快熟识，生意还不错，不但没赔，还略有盈余，关键是老人觉得自己老了还能实现开店梦，别提多乐了。

去丽江的那次我决定相当快，年前的一个旅行淡季，机票价是一年的最低点。周四中午，我发短信给一个女伴：明天去丽江，三天，那边可以看到漂亮的花儿……五分钟后，短信回：好啊，我来订票，你订客栈。做事如此爽快的朋友，如此激励着我快速决定某件事。于是，第二天下午我们已坐在了飞往丽江的航班上，头一天还是下大雨，第二天却是雨过天晴。事实证明，那次临时决定的丽江之行非常愉悦。我后来问那位朋友，你为什么决定一件事会那么快？她笑说：想到就去做。再说就三天，时间总是有的，票价也很低，为什么不去？我的做事原则就是自己高兴，别人也高兴。想多了啥事都做不成。

正好昨天看到亦舒说的一句话，什么事就在今天。想约人喝酒就在今天，因为明天的心情、环境都不一样了，一切都变了。不如就在今天。

现在我一般不会再说等哪天有空时聚一下吧，知道这是句空话，因为这个哪天可能不知是猴年马月了。我会说：今天有空吗？一起出来喝点东西吧。我知道，想见的朋友总是有空的，那个等哪天的永远是没空的，因为他们没时间花在你身上。

晚上，大雪纷飞，王子猷醒了过来，开窗对雪，斟酒吟咏。向四面望去，天地之间一片皎洁。这时，他忽然想起了远在剡县的好友戴安道，与之畅谈的欲念再也按捺不住。于是，夜乘小船，第二天终于到达好友住所，但是造门不前而返。于是，留下了“乘兴而行，兴尽而返”的千古典故。如果没有“不如就在今天”的信念，还会有魏晋名士的美谈吗？

智慧和度量

一个拥有智慧的人，必定拥有度量，而一个人度量的大小，从很大程度上决定了其一生的成功与否，更左右了其在人际关系里的地位和重量。而一个人能否保持愉快的心情，更是取决于度量的大小。

唐朝时，裴度为相。有一天，他因公务在中书衙门里大宴宾客，酒喝得很畅快，宾主都很高兴。当此热闹之时，一名属下悄悄走进宴会厅，径直来到裴度身边，拉了下他的衣襟，低声向他禀报说，他们加班起草了一份公文，想去加盖印信，发现存放印信的盒子还在，可印信却不翼而飞了。

印信者，公章也。当官的人都知道，公章是权力的凭证，如果把公章弄丢了，那可是重大的失职，弄不好乌纱帽就没了。搁谁谁不着急呢？可裴度听了以后，没有显露出一丝紧张的样子，他手里端着酒杯，一副怡然自得的神情，只小声警告他们说："现在正在宴请宾客，你们先退下吧，别扫了大家的兴，把嘴巴闭严，不要声张。"

属下很疑惑，这么大的事，连让找找都不说，不知道这位宰相大人葫芦里卖的什么药，满腹狐疑地退了出去。酒宴丝毫没有受到影响，一直喝到半夜，正感觉畅快淋漓之时，那名属下又面带喜色地向裴度汇报说：

“大人，印信又回来了，在盒子里安然无恙，真是活见鬼了。”裴度没有说话，挥手让他走开了，宴会尽欢而散。

事后属下问裴度说：“知道公章丢了，你怎么不着急呢？”裴度回答说：“这一定是衙门里的人私下里书写契券，然后偷拿印信盖上公章，我料想他写完后就会放回原处，如果此时声张起来，他肯定狗急跳墙，为证清白而把印信偷走扔掉，那就再也找不回来了。”属下一听，恍然大悟，非常钦佩。他又建议说，“现在印信找回来了，为什么不查出此人，杀一儆百呢？”裴度回答说：“印信能够轻易被拿出，说明管理有问题，这个责任在我。哪个人没有缺点和毛病呢？如果事事吹毛求疵，揪住小辫子不放，那世上就没有可用之人了，所以不必在意了。”

明人冯梦龙在评价这件事时，由衷地赞叹说：“不是矫情镇物，真是透顶光明。”意思说，不是裴度故作安闲，以示镇静，而是聪明透顶，料事如神。这就是古人说的“智量”，“智不足，量不大”，没有足够的智慧，做事也就失去了回旋的余地。

裴度的一生，历经四朝，三度为相，五次被贬，可不管是升是降，是荣是辱，他都坦然接受，胜不喜，败不馁，进退无怨，得失无悔，虽仕途凶险，却得善终，智量之功不可没。

人生难免遇到急难险重、沟沟坎坎，这时往往是最考量我们智量的时候。遭人算计不必气急败坏，遇到险厄不必惊慌失措，上得去还要退得回，拿得起还要放得下。从容点，淡定些，为别人留出宽宏的度量，也就为自己留出了广阔的空间。可见，智量不仅是一种修养，更是一种智慧呀！

送出礼物，收获智慧

自古以来，我国就有礼尚往来的习惯，每逢节庆假日、朋友家中喜事或生日聚会都免不了要送一份礼物来表达祝福。但是，礼物也不是可以随便送的，送礼也有很多讲究。

我的友人阿亚讲的关于家人的礼物的故事让我特别有感慨。她每年过生日都会收到父母郑重的礼物。礼物都很贵重，父母平日很少给她买东西，但会为这个礼物费心好久，他们在通过这个礼物向女儿传达一种品位，她收到过漂亮的项链、精致有品位的米色毛衫、手感超好的黑色大衣……从小学开始，一直至人到中年都是这样。阿亚对自己的每件礼物都心系郑重，都说得出故事。

有块手表是妈妈送她的 18 岁生日礼物，很朴素，但非常贵重。妈妈告诉她：女孩一定要懂得低调的郑重，要善待自己，不要让自己廉价，不要去买廉价粗糙的东西，没钱的时候宁可少买，花了钱的一定要留得住。当你把自己定位很低的时候，你只能越来越低，钱可以没有，但品位不能没有，这会影响你一生的生活，女人的生活跟情感都是相关联的……这块表很好搭，用了很多年，将来还可传给孩子。

妈妈送礼物给她的时候都用东西来无声地影响她。这双船形鞋也是妈妈送给她的礼物，是自己的私藏品，很多年都没过时，她现在拿出来穿仍然不过时，很低调的灰蓝色，鱼嘴。妈妈说，好东西是越用越好的，女人要让自己成为唯一，不要用满大街人都在用的东西，不要用标新立异很夸张的东西，那些雷倒我们的、在视觉上很有冲击力的人往往令我们记住，却难以让人觉得好看，因为不高贵。女人，鞋子是重点，要舍得花钱为自己买一双好鞋，鞋始终要干干净净。这双灰蓝色鱼嘴鞋她拿出来配衬衫裙，非常欧式大气。她记住了妈妈的话，做一个好看的而不是夸张廉价的女人。因为，到一定年龄，好看并不是件容易的事，有钱也办不到。

一只黑色的包是母亲买给她的 25 岁生日礼物，大包，很好的手感，是某一次和母亲逛街时她心仪的款式，母亲记在心里了，默默为她买下。她的包包里总有书，小本《圣经》、丝袜、薄荷油、针线包，她说，母亲告诉她，要做个从容不迫的女人，要学会闲暇的时候手上有一本书，任何时候，都不要急。她在机场候机，拿出书闲看，从没见她着急抱怨；遇到朋友的丝袜破了，她很快拿出救急；倦了累了，用薄荷油，恢复体力相当有效……我喜欢看到她一切尽在掌握的样子。她说，母亲说过一句话，人可以有霉运，但不可有霉相，连自己都无法控制，还能控制谁？她心里从来都有数。

一件宽大白衬衣也是母亲送给她的生日礼物，是一件家居服，在家里穿的。她直到现在，习惯在家里穿得很漂亮，员工给她送资料时，她打开门，穿着漂亮的白色套头衫，搭七分弹力裤，很有活力，很清爽利索，不是一副中年妇人慵懒提不起精神的模样。母亲说，女人一定要美美地，不能内外两个样，那样对家里人不公平。母亲的礼物，是一种智慧，也是一种品位的传承。

前几年她妈妈过世，那年的生日，父亲送给她两份生日礼物，一枚戒指和一本漂亮的《圣经》羊皮卷。他说：“妈妈走了，但是爱还在。”我这位朋友，是那么懂爱而且美好的女人，她说她一直被父母善待，一个得到善待的人才会心存美好，才不会有大恶。她父母有一种观点，孩子是宠不坏的，当你发自内心去爱她们的时候，教育其实不难。

这个关于礼物的故事让我感动了好久。

其实，对于家人，我们很多时候用两个字：忽略。觉得那是多此一举，我们根本想不到，或是随随便便送礼物，没用心。很多人会说爱孩子，但只知道为他们花钱，不懂郑重、花心思去送礼物，不懂得通过礼物去表达一种心意，让孩子懂得爱。

明白自己想要的

一辈子并不长，有人浑浑噩噩，因为他们不清楚自己要什么；有人一往直前，过上了幸福的生活，这是因为他们明白自己要什么。怎样的生活才是自己想要的，是辉煌的事业？是一段美丽的感情？还是保持一个愉悦的心情？

出租车是预订的，司机提前 10 分钟到，打了电话给我。我手忙脚乱收拾了下楼，推迟了好几分钟。一上车，我就向司机道歉。司机善解人意地说：“呵呵，早上总是比较忙的。”我说了目的地，正想解释怎么走。司机笑着说：“上次也是我送你的我知道地方。”能记住乘客的司机真的挺不简单。他是位老司机，他的证号 02 打头，我猜他开出租车有 20 多年了。“30 多年了！明年就退休。”

“我曾坐过一位退休老司机的车，因为技术好，被公司返聘。他开车非常稳。”

“你说的不会是我的搭子吧，他也是退休返聘的。我们离你家都不远，很可能调度把你的电话订单都让我们接了。”

“哦，原来这样。上次听说他腿不好，休息了半年。公司还给他疗养名额，去外地旅游度假。”

“那肯定是我的搭子。他休息那半年，我是一个人开的。”

“一个人开很辛苦。”

“我舍不得把车交给不熟悉的人来开。我和搭子把车伺候得好好的，很少出毛病。”他自豪地说。

“开车这么多年，你共有多少个搭子？”

“两个。”

“这很难得。上海这些年变化大，如果你或搭子搬了家，就只能重新找人了。”

“是的。我的搭子很好。脾气温和，做事情仔细。车子永远干干净净。你有发现吗，这辆车是新车，比你上次坐的那辆新多了，这是我昨天刚从公司提回来的。”司机掩饰不住骄傲和自豪。

“你愿意退休后被返聘吗？”

“我不愿意，开了一辈子车，我想歇歇了。”

这位司机是老师傅了，但他的心很年轻。一大早坐他的车，一整天都心情愉悦。他和搭子多年的良好关系，固然有搭子的功劳，却也离不开他容易与人相处、合作性高。他向公司提出换新车，公司能答应，与他平时的工作表现，以及良好沟通分不开。他能拥有这样舒心的工作环境，是他自己创造的。尽管明年退休，但他真心地爱护车，退休后专心休闲。他清楚自己要什么，所以获得一份淡定。能把出租车开得这样开心，最重要的是老师傅认同他所做的事。我相信不论做什么，他都会做得很好，因为，他的积极态度适用于任何一份工作。

还有一次，一进出租车，我就闻到甜香味。我使劲吸了一大口，问司机喷了什么清新剂。司机得意地说：“可不是化学玩意儿，是天然香味。

喏，就是我身边的菠萝。”仔细一看，在其他司机放水杯的地方，摆放着一只菠萝，正散发着浓郁的香味。

“哦，你买了水果带回家吃吗？”

“这不是吃的，是专门放着散发香味的。”

“你不吃吗？”我很惊讶。

“这不是用来吃的。菠萝已放了三天，熟透了，我今天再买一只。连着吃几年，谁受得了啊！”

“你这样做已经很多年了？”我更惊讶了。

“是啊！当年换新车，新车里有一股橡胶味，不好闻。有人告诉我用菠萝除异味儿，我就试着做，真的很管用。我也喜欢上菠萝味儿，就一直做下来了。”

我知道出租车是 4 年的使用期，“已有三四年了？”

“嗯，快四年了。”

“那可是一笔不小的开支。”

“还好，可以承受。我觉得只要喜欢，心情愉快，乘客也喜欢，花这笔钱就值。常有乘客夸我的车整洁好闻，我就很开心。”

“那你的搭子怎么看？”

“他不干涉我，只要菠萝在车上，他不会动。偶尔，他也会买着换。”

听了他的故事，菠萝的香味越发浓烈。下了车，菠萝的香味仍然在我心里。透过菠萝，我看到出租车司机对生活的热爱，看到他享受每一刻当下。我想他肯定也算过买一只菠萝要多跑多少公里，但他把心情愉悦放在首位。

在现在这浮躁的社会中，像这位老师傅这样的人并不多，他们有的是一颗平和的心，更知道自己要的是心情愉悦，安然地按自己的方式工作和生活。对我们来说，不要为了世间烦扰，而忘记自己的初心，忘记自己要的是什么。

让你的生活充满喜悦

蔡澜说过一件事：他在墨尔本生活时，认识一位花店女主人，只卖兰花。蔡澜问她何时开始想卖花？哪来的勇气？她笑了："爱花。爱到执着时。一门心思就有喜悦感。"道理就是那么简单。喜悦，就是理由。

听朋友讲到一件事，很有意思。她去参观孩子同学家，发现她家里很特别，不是豪华，而是每一件东西都好像受到了很好的照顾，都有喜悦感。这话引起了我的兴趣。她举例子讲，比如说小到一棵植物，会连叶片都是干干净净的，错落有致，摆在阳光下，好像跳舞的感觉。再比如一个孩子玩的布娃娃，都是干干净净，被照顾得很好。很多人都喜欢买东西，享受把东西搬回家的感觉，陈列，然后就忘了，大到一个音响，小到一棵植物，懒得去打理。连自己的喜悦感都没有，用的东西更没有喜悦感。

某天，因为办事，很偶然地去了一位有联系但不算熟悉的女人家里，他们两口子属于收入很高的人，但家里实在是，怎么说呢？进去不想多坐一分钟，不是因为房子的大小，而是，因为没有一点生活的痕迹，只感觉到冷。我这类人，比较务虚。家里一定是要有主人痕迹的，哪怕是一块桌布，一副相框。一定是有主人的审美和热爱在里面。国外的很多主妇这方面注意得多。她们走到哪里，一块桌布，一束花儿，一幅手工窗帘是必需的，哪怕在一所破旧的房子里，也能像模像样地喝一顿下午茶。两个字，情绪。

从房子到人，其实是一个道理。曾看过蔡澜说的一个片段，他在墨尔本生活时，认识一位花店女主人，只卖兰花，问何时开始想卖花？哪来的勇气？她笑了：“爱花。爱到执着时。一门心思就有喜悦感。”道理就是那么简单。喜悦，就是理由。

真正让我刮目相看的，不是别人买多贵的 VIP 用品，而是她怎么对待自己的东西。好友阿奂就是个相当惜物珍重的人，她的东西总有某种喜悦感。

阿奂的钱包用了很多年，保养得特别好，牛皮包每年拿出来上油，经过时间的积累，手感越来越光滑，包包里卡和钱整整齐齐，连家人照片也随着时间在换，阿奂说，十年前三百元的东西抵得上如今三千元的东西。阿奂这样有心惜物的人，任何东西到她手里，都有时间的光泽和喜悦。

女人的包包里都有一本小书，阿奂这样的人当然不例外，不过，她的书都是有书衣的，每次看到她空闲时拿书的动作，轻轻缓缓，都觉得任何东西到她的手上都是如此，品相上佳。在这个只知无节制消耗购物的年代，人变得越来越没有耐心，阿奂倒真是清雅自成一格。

阿奂跟其他女人不一样，她的项链耳环什么的还真不多见。不过手上有一只玉镯戴了很多年，已养得生生翠翠，水绿油亮，我很少见女人像她这样有心，每天晚睡前都要摘下来，用软布蘸水轻轻擦净，她说像人洗澡一下，去掉汗味和杂味，才会清心养人。这只普通的玉镯因了主人的爱惜，如今真的有了灵气，出落得越来越通透，是人养玉的。

我忍不住想说说一只骨瓷杯子。这是她多年前读大学时一位老师送给她的，她非常爱惜，那个年头的骨瓷可能看相不是特别好，但内质非常不错，不像现在的东西那么花哨，阿奂每次用过后都会把杯子清洗得干干净净，用软布擦干放在阴凉处，搭上罩布，真的像对待一个活物，这只骨瓷杯愣是被她养得晶莹剔透，纹理清晰隐约，像一个古旧的美人，怎么看都与众不同。

还有她的本子。每一个都别致，用完一个换一个，随手记一些生活琐事和笔记，每一本都像纪念册，偶尔有兴致的时候，拿起来与家人一起翻看，变成了一个很好的休闲方式。

不要躲在角落一个人暗自忧伤，让生活的每一天充满阳光，让生活的每一天充满喜悦。快乐其实就在我们的身边，态度决定了一切，少一些欲望，少一些贪念，少一些嫉恨，做一个从容不迫的人，做一个让生活充满喜悦的人，让喜悦伴随你的人生。

去上海吃一个包子

当你早上想来，非常想念伤害的蟹黄包，而你又有时间，也有能力时，你会怎么办？是让口水流进肚子，还是动用一切手段直奔蟹黄包？不同的人，有不同的选择，你会不会选择一种随心所欲的生活呢？

某日早晨醒来，非常想念上海的蟹黄包，想托谁把蟹黄包快递到石家庄来。老公却说，那会成稀糊糊，你不如跑去吃。我瞪他一眼，开什么玩笑。可是老公却一点开玩笑的神情都没有，我心里一惊，难道为了蟹黄包真要飞一趟上海？这主意够新、够酷、够大胆。可是，这对我来说未必不可行，我很久没有出行过，现在的工作又不算忙，权当一次特别的旅行好了。

说走就走。当我站在上海城隍庙里排着几米长的队买包子的时候，周围暮色四起，华灯初上，我只身一人看着这从未在任何地方见过的风景，心里有种说不出来的随意感。我端着一盒包子边吃边走，在这陌生的地方根本不用讲究吃相，十五个包子进肚既不撑也不欠，在路边买上一杯原味奶茶喝下去，真是舒服极了。彼时我已经不知走到什么地方，周围全是繁华的小店，我挨个进出，搜罗一些喜欢的小玩意儿。走累了，正好看到不远的前方有家连锁快捷酒店，我钻进去开了房间，把自己扔在柔软的大床上一觉到天亮。

第二天早晨我一边吃早餐一边想着今天干什么，那么凑巧，我在电脑上看到一个朋友的博客上有这样一篇文章：他每星期要两次坐火车去西湖，然后沿着西湖慢跑，这是他特殊的锻炼方式，既呼吸了新鲜空气，看了美景，火车票又比健身房的费用低得多。我被他积极快乐的新思维所感染，在酒店楼下买了火车票直奔西湖。我沿着西湖慢走了一圈，领略了湖边从未见过的许多或高大或低矮的植物丛，新鲜的空气沁人心脾，我一时没有意识到我正身处外地，只觉得这是一场愉悦的散步而已。

回到石家庄后我对这趟目的简单的旅行回味良久。

我很喜欢林白的小说，看过她的大部分作品，知道她的家乡是广西北流，在她的笔下，北流是个清静的年代久远的有灵性的地方。我攒了一个星期的假，从石家庄出发坐卧铺到南宁，再换汽车到北流。我在城里转了一大圈，果然被我猜中了，这儿哪里还是作者笔下的样子？那些小说大都写成于20世纪七八十年代，现在全中国大概都是“异乡”了，故乡是再也回不去的地方。这也不赖，我为了一个目的马不停蹄，同时又觉得它没有那么重大，我和它之间两点连成一条直线，它给了我最近最安全的保护，我只需一往直前。其实这是一种最佳的旅游状态，这时对身边事物的感受是最敏感的。

我为了拍摄一架古老的压水井而去了大学老校址，在那已经废弃的水井旁，荒而茂盛的野草丛和挂在枯树上的夕阳让我双眼含泪。我意外看到了大学旁边曾经常光顾的小商店，门窗已旧，老板也还是原来的人，但他一点都没认出我来，我不由地慨叹时光如白驹过隙。

为了看冬天的“冻海”，我去了大连。我并不知道在哪片海域可以看见冻海，只好看见有去往海边的公交车就上，随它走到哪里，我只当看街景了。很多时候目的只是行动起来，能不能达到预想的效果并没有那么重要。

在网上看见一个大龄剩女说她曾辞掉一份好工作去旅行，当时什么都没想，只是觉得年轻，喜欢流浪的感觉。七年来她走遍了整个东南亚，累了，想停却停不下来了，因为已经无法融入身边的现实社会。我唏嘘不已。

我越来越觉得旅行非借口不能成行，且这个借口一定要小而明确。

小而明确的借口容易给你指引，让你心无所虑，从而更容易体验到对于身边事物的真实情感，这种状态下你看到和得到的远比你最初的目的要丰富有趣得多。借口虽小，但这其实是随心所欲生活的一种形式，它更能让你体会到幸福和愉悦。

一个富裕的人

我是一个富裕的人，因为我活着，拥有健康；我还有一个温暖的家，妻子贤惠，子女孝顺；我的兄弟姐妹就像是我的朋友，朋友则像兄弟姐妹一样关心我；有人真诚地爱着我，虽然我有这样那样的缺点，而我也真诚地爱着他们。所以，我是一个富裕的人！

有一回，老友出现在我家门口时，是这样一副打扮：穿一件灰色多口袋的马甲，脖子上挂一只军用水壶，背着一个硕大的旅行背包，一双沾满泥巴的解放鞋拴在背包带上，直晃荡。

他是万水千山都走遍的资深驴友。他把那些人满为患、过度商业化的景区景点，过度开发的城市景区都统称为“死地”。近些年来，他只在那些偏远的、我们闻所未闻的地方一个人游荡。

那次，是他在神农架的山里待了数天后，顺道来我家拜访。

洗漱完毕，他把毛巾挂在炉子边。同在我家做客的一位亲戚，便看到了那块年头颇久、稀纱透光的毛巾，私下悄声问我：就他那样，还有空到处闲晃？

他哪样？我反问。亲戚一指正往背包外掏铝制饭盒、弄出一阵叮当乱响的友人，“就那样！”

我很想告诉他，这位朋友是位非常富裕的人，转念又觉得亲戚根本不理解这种富裕，于是沉默。

曾跟老友论什么是富裕。他说小时候家里穷，兄弟姐妹六七个，父母忙生计，兄妹们都是大的带着小的。当每天黑透，父母收工回家，数一数，孩子个数还有那么多就行了，什么兴趣啊，特长啊，心灵啊等等，都忽略不计。

就这样的条件，全家不饿肚子，已经很好。某年，父亲欣喜地说：“日子越来越好了，咱们也算富裕人家了！”原来，以往二三月份正是青黄不接的时候，而那年，父亲发现，布口袋底还有几碗玉米。

日子过得紧紧巴巴，显然称不上富裕，但毕竟有剩，又可以说是富余。

朋友继续说，那之后，有一次有个要饭的老太太经过我家，举着破陶碗，冲我妈露出了乞求的神色。那真是衣衫褴褛，风一吹就要倒的可怜人。我妈思想斗争了很久，舀了半碗玉米倒在老太太牵起的衣襟里。那，可以称得上富裕了。

又谈起他的旅行。他说他带一只饭盒、一只勺子、一双筷子、一只水壶，再带一块香皂，洗衣洗脸洗澡都是它，尽量不产生垃圾。实在有，一定收拾好带走。他不写游记，有些地方很原生态，他不想因为他，对这个地方产生影响，对那样的地方，他要力争做到就像他几乎没有去过一样。

晚饭桌上，家里的腊肉非常好，他吃了赞不绝口。我母亲提议让他带点回家，看得出来他心动了，说的确非常想带点回去，给母亲和老婆尝一尝，大城市里的餐厅，吃不到这样美味的腊肉。取舍半天，他说还是算了，接下来还有旅程，说路上总会遇到很多好东西，再多的口袋也装不完，为了轻装上阵，必须舍弃这些东西。

晚上，我们在院子里喝茶。月亮升起来，我们话很少，对坐半晚。第二天他便告辞了，后来发短信给我，说那晚苍山幽幽，月光清澈，让他十分感动……

有些人物质富裕，但是精神极度贫乏，对生活充满迷茫，对人生没有丝毫希望。山水之乐，与他们如浮云。而对于精神富足的人来说，一山一水，一花一叶，这些在平常人看来都是再寻常不过的景，却能触发他们灵魂的震颤。我想，要时常拥有这种感动的时刻，需要人轻装上路、精神富裕得一塌糊涂吧。

外面的世界

外面的世界很精彩，外面的世界很无奈。别只想着外面的精彩，而忽略了外面的无奈。生活远比想象中的残酷，再伟大的剧作家都不能描写出真正的生活。如果没有一颗坚强的心，你在外面只能收获失败。

17 岁的时候，我决心离家看看世界，总觉得外面的世界无比大，会很精彩，别人在过着我们所不知道的人生。

在澳门。早晨走路上学的时候，常看见小小的公交车里挤满了穿制服的当地孩子们，和公交车并排的是一辆辆家长接送的机动车，一张张被风吹得压抑而扭曲的年轻脸庞，还有背后沉重的书包。

课余时间赚点小钱，给一个当地女孩补课，她就如同大陆的高考生一样，面对着升学课业的压力，脸上长了一颗颗巨大的痘痘，背英文的时候如同和尚念经。

在荷兰。身边很多的中国留学生不愿意出门，在家里吃中国泡面，交中国朋友，上中国网站，连小组功课的组员都是中国人；打工是看世界的方式，给一个香港女人做旅行公司助手，她逃离了拥挤的香港，但是在荷兰仍然过着港式生活，交香港朋友，讲广东话，喝早茶，下午收工前吃一只菠萝包，周末打广东麻将。

在爱尔兰。在一群各个欧洲国籍的交换生里，作为唯一一个亚洲人，我看见的也常常是一个个按照国籍扎堆的小团体：芬兰团，荷兰团，爱尔兰团，西班牙团。

和西班牙人最熟悉，他们虽然热情友好，但大多时候仍只和自己国家的人凑成一堆，我认识的很多西班牙交换生在爱尔兰一整年，总是凑在他们自己人的派对里，英文都没有进步，甚至开口都艰难。

在巴塞罗那。同公司的英国人，虽然会说点西班牙语，但一旦下班，有聚会有嘉年华，还是经常和在巴塞罗那的英国人一起参加。他们最常去的是英国酒吧，庆祝的是英国节日，讲着伦敦发生的事情，吃饭也不因为西班牙独特的时间表而受影响。

在上海。爸妈仍然过着简简单单的生活，早上六点起床上班，晚上六点回家做饭，十点睡觉；认识了一群在这里工作留学的外国人，有的人在这里待了两年，仍只会说“你好”和“谢谢”，甚至一个中国朋友也没有，大多是和同是外国人的室友聚在一起。上班下班，买 VPN 爬墙刷 Facebook，饿了去麦当劳或者必胜客，半夜去迪斯科开派对。

我发现全世界的人们都活在自己的“世界”，忙忙碌碌，差别不大，因为那就是所谓的“生活”。三毛曾在《万水千山走遍》里说过：“人生又有多少场华丽在等着，不多的，不多的，即使旅行，也大半平凡岁月罢了。”

到底有没有外面的世界呢？

用这个问题问在象牙塔里的孩子们，一定是用力点头充满了期许。

再把这个问题扔给国内那些渴望出国的人，也一定是更猛烈地点头。

从小我们就听过一首歌，歌里唱着“外面的世界很精彩，外面的世界很无奈”。光是听到精彩，就觉得激动，至于无奈，在现实生活里早尝尽了，似乎那未知世界的精彩盖过了无奈风头就好。

可事实呢？永远记得第一次离开家，抵达澳门。一个人回到了住处，关上门，突然世界安静了也落寞了。我意识到，到哪里生活都是一样的。房子里面的生活相差无几，床、冰箱、书桌，恍惚还以为在上海。

打开电脑，浏览的那些网页还是以前经常看的，打开QQ、MSN，旧日高中同学也都在线，他们的那些状态也都和我出发前一模一样，一切还在原地，只不过是我去了另一个地方而已。

外面的世界并没有想象中的那么好，也没现实中的那么糟。一切全在你自己手上，如果你决定向往美好，那么全世界都会帮你，因为外面的世界里还有无数和你类似的人，和你有共同理想的人，关键在于你愿不愿意放弃某些东西，然后去寻找。

漫步人生路

有位诗人曾说过“凡是遥远的地方，对人们都是一种诱惑。”所以许多人将远方设为目标去实现，并且眼中只有那个朦胧的目标，别无他物。可实现后却又无欣喜之感。为什么呢？原来他们在过程中丢失了欣赏美景的心。

父子俩耕种一块地，一年中要有几回赶着老牛车，装上地里收获的粮食和其他农产品，运到城里卖掉，换回一些日用品。父子俩性格迥异，父亲总是不急不慢，儿子却做什么都心急火燎。

一天大清早，父子俩套好牛车，装好农产品，便上路了，儿子心里盘算着，如果他们走快点，日夜兼程，第二天大清早就能到达集市，因此，他一直鞭打着牛，不让牛有半点儿偷懒的机会。

“不要这么急，孩子，”父亲说，“你的路还长着呢！”

“如果我们在其他人前面到达集市，我们的东西就能卖个好价钱。”儿子说。

父亲没有作声，他只是把帽子往下拉了拉，坐在牛车上睡着了。儿子一直吆喝着牛快跑，牛好像不管他的心急火燎，不改坚定稳健的步伐。

四个钟头过去了，行了十二三里路，看到路边有一座房子，不知什么时候，父亲醒了，他笑着说：“这是你叔叔家，停下来跟你叔叔打个招呼。”

“我们已经慢了一个时辰了。”儿子很不情愿。

“就几分钟也无关紧要，你叔叔跟我们住得这么近，我们一年也难得碰儿回面。”父亲不紧不慢地说。

两位老人谈笑风生，一旁的儿子就像热锅上的蚂蚁，坐立不安，一个小时就这样过去了，终于上路了，这回换父亲赶车，来到一个岔路口，父亲走了右边的路。

“左边的路近。”儿子说。

“我知道，”父亲回答，“不过这条路风景优美。”

“爸爸，你为什么不珍惜时间？”儿子不耐烦地问。

“我可珍惜时间了！ 这就是为什么我要欣赏美景，要享受每一刻的光阴。”

路蜿蜒向前，穿过碧绿的草地，野花恣意地开放，小溪流水潺潺，儿子焦急的心里完全装不下这些，甚至连美不胜收的落日美景都从他眼前漏掉。

父亲尽情地吮吸着野花的芳香，倾听着潺潺的流水。兴之所至，竟拉住牛缰绳，停下车，感叹道：

“就在这儿过夜！”

“我以后再也不和你赶集了，”儿子大声地说，“你只顾看你的落日美景，你只顾闻你的野草芳香，我们要赚钱呀！”

“噢，这回你倒是说在点子上了。”父亲笑着说。才几分钟的工夫，父亲已经鼾声雷动，而儿子凝视着夜空中的星星，久久不能入睡。

第二天天还没亮，儿子就摇醒了父亲，他们套上牛车，继续赶路，行了三四里路，遇到了一个赶集的人，对着落入水沟的牛车无计可施。

“停车帮帮他。”父亲对儿子说。

“不知又要耽搁多久。”儿子怒气冲天。

“不要生气，孩子，要是我们的车落在沟里呢？人总有落难的时候，孩子，记住。”

儿子把头扭向一边，怒气难消。

他们把落在沟里的牛车拖上来时，已经八点多了，正准备上路时，一道闪电划破天空，接着是一声闷雷，前方的天空瞬间一片黑暗。

“城里正下暴雨吧。”父亲说。

“要是我们赶紧的话，下雨之前一定卖完了。”儿子嘟囔。

“不要这么急嘛，孩子，你的路还长着呢。你可以慢慢享受你的生活呀。”父亲语重心长地说。

他们傍晚时分才赶到山顶，下了山就可以进入城里了，可是他们停在山顶上却好久没有动，一直就这样注视着山下，谁也没有说话，许久，儿子才扶住父亲的肩，说：“爸爸，我明白了，你是对的。”

他们掉转车头往回赶，在他们身后的山下，那座已经变成废墟的城市，叫广岛。

阿尔卑斯山谷中有一条大汽车路，两旁景物极美，路上插着一个标语牌劝告游人说：“慢慢走，欣赏啊！”许多人在这车流如水马如龙的世界过活，恰如在阿尔卑斯山山谷中乘汽车兜风，匆匆忙忙地急驰而过，无暇回首风景，于是这丰富华丽的世界便成为一个了无生趣的囚牢。这事一件多么可惋惜的事啊！

鲁迅的咖啡

鲁迅曾说："哪里有天才，我是把别人喝咖啡的工夫都用在了工作上。"事实上，鲁迅不但喝咖啡，还爱玩爱闹，爱看新式的电影，休息与工作被他处理得丝丝入扣。那么，我们是不是可以这样理解，鲁迅不是在工作时喝咖啡，而是喝咖啡时想着工作？

英国一名叫波利·弗农的女孩，酷爱喝咖啡，据说从2000年到2012年的12年间，她花了两万英镑的费用喝咖啡，折合人民币为20万元。读这则新闻，我开始替这位女孩操心：喝了20万元的咖啡，得花费多少时间啊？

我长在什么都需要节省的年代，包括时间。还记得中学教室墙壁上有一条幅，上面是鲁迅木刻像，下面是他的名言："哪里有天才，我是把别人喝咖啡的工夫都用在了工作上。"这句话激励着我把所有时间都用在了当年的高考，并一考得中。至今它的影响还在——别说咖啡，我连粥都不喝，节省了双重时间。

近年来，读书渐多，读到鲁迅20世纪30年代在老上海的生活，其实鲁迅很懂人生，不但喝咖啡，还爱笑，爱玩，爱闹，爱和全家人去看当时比较新式的电影，爱与郁达夫等一干文人下馆子。他住在上海虹口区山阴路一幢别墅里，休息与工作，被他处理得丝丝入扣。

以前教室墙壁上的那句话，我只能从另一件事中寻求解释：有位信徒曾经去问他信赖的牧师，他问，牧师，我在祷告时可不可以抽烟？牧师说不可以。但这位牧师很聪明，善变通，他话锋一转，接着说，但是，你可以抽烟时也在祷告啊。

参照牧师的逻辑，可不可以这样表述：鲁迅不是在工作时喝咖啡，而是喝咖啡时也想着工作。

强调个人幸福感的当下，似乎并不提倡把喝咖啡的时间都献给工作。故让我年四十而有惑。有人大半辈子都泡在茶与报纸、酒与牌局上，也没见他们失去什么，相反过得很滋润，我替自己感到累。有人把喝开水的时间都献给了事业，果然风生水起，可干着干着，人就没了，让周围壮怀激烈的人不免兔死狐悲。

普通人，没有“谈笑间樯橹灰飞烟灭”的能力，因此也就没有“喝着咖啡就能把工作干好”的优雅。于是，“咖啡”与“工作”成了类似“鱼”和“熊掌”的难题——我们的纠结正在于此。

向左或者向右的例子不少，但说不清谁是谁非。

画家杜尚在25岁时画了《下楼梯的裸女》，这张画使杜尚一举成名，并为杜尚赢得数不清的绘画订单。可是，杜尚对这些订单说：“不，谢谢！我更喜欢咖啡。”订单会压得人很累的，他索性选择去喝咖啡。

体壮如牛的巴尔扎克，短短一生写了90多部中长篇。拿破仑用剑没有完成的事业，他要用笔去完成。为保证写作时清醒，他嗜浓咖啡如命，曾说：“我将死于3万杯咖啡。”果然，他殁于51岁，慢性咖啡中毒是死因之一。这是位真正喝咖啡时还想着工作的工作狂。

左思右想，人生确实是一门艺术。不过，3万杯咖啡实在太多，一生要喝多少杯咖啡，也没有现成的答案。“咖啡”与“工作”，倘若能调出恰当的比例，生活的滋味或许会妙不可言。

古人云：“一张一弛，文武之道也。”身处竞争激烈的现代社会，每个人都犹如上紧发条的钟表。但是应该记住的是：弦绷得太紧，是会断的。我们要找到一个平衡点，让心灵得到放松，让灵魂能跟得上我们的步伐。只有这样，才能得到一个美好的人生。

没有谁的人生很完美

凡人向往仙人的生活，因为可以摆脱人间的悲苦；而仙人又向往凡人的世界，因为蓬莱高处不胜寒，寂寞没人懂。没有谁的人生是完美的，面对不好的境遇，我们最需要修炼的是自己的心态，一种低处积累淡看宠辱的胸襟，一份坚忍不拔缓慢崛起的斗志。

一位年轻人，写信给潘石屹。信中述说，他刚大学毕业，找到了一份不错的工作。但是，公司里的同事间竞争激烈，主管经常刁难，他真想换一份工作，但又舍不得这份不菲的待遇。他问潘石屹，他该怎么办。

回信中，潘石屹给他讲了一个故事。

明朝有位书生屡试不第，生活穷困潦倒，整天唉声叹气。他虔诚礼佛，他常想，要是能得道成佛，摆脱困苦，该有多好啊！

一天夜里，他梦见自己遇上了文殊菩萨。于是，他求文殊菩萨："让我做你的童子吧。"

文殊菩萨微笑着问他："为什么？"

他说："红尘悲苦，我早已厌倦了。"

"其实红尘中，不全是悲苦，也有许多美好的事物。"文殊菩萨面色宁静如水。"要是成了我的童子，你就要永远远离这个烟火红尘，你确定吗？"

“确定！”书生肯定地回答。

文殊菩萨笑了，一脸深意：“你来看看这个。”菩萨拿出一面铜镜，手轻轻一拂，铜镜中就出现了一幕场景：只见一位仙童正摇着文殊菩萨的胳膊说：“师父，你就让我下凡去做一个凡人吧。求求你了。”

“为什么要做凡人呢？要知道做一个仙人，是多少凡人朝思暮想的啊！”

仙童的语调忽然忧伤起来：“蓬莱寂寞啊，师父！有美酒，却只能独酌；有仙乐，却无人共赏。师父您出外论道的时候，偌大的仙山只有我一个人，只有孤独和无边的寂寞。”边说着，仙童边举起年轻稚嫩的手臂：“师父您看，我都五百多岁了，还长成这么一副童子模样。五百年了，十几万个日日夜夜，您知道我是怎么过的吗？”仙童说得十分动情，眼中隐隐有泪花闪现。

或许，是最后一句打动了菩萨。文殊菩萨一声轻叹。

书生还想再看，文殊菩萨已经撤了铜镜。

“这是我的一位仙童，他跟你恰恰相反，他最想做个凡人。”文殊菩萨说。

书生一听，雀跃而起：“那不正好，我正好跟他换换……”

“可是，你知道吗？”文殊菩萨打断了书生的话，“这位仙童就是你的前世。”

“我的前世？”书生满脸惊愕。

“是的，他正是你的前世。”文殊菩萨语调深沉，“你受不了仙界的清淡寂寞，才自愿舍了五百年的修行。你说，只要能到凡间历一番轮回，享受一下凡人的爱恨悲欢，无论如何，你都甘愿！我这次来，就是想看看你在凡间过得怎样。”

后面菩萨说了什么，书生根本没有听清，他正陷入一种极大的惊愕、矛盾与深深的思索之中。

“好好想想吧，等你做好了决定，我会再来的。”文殊菩萨化作一阵清风，飘然而去。

书生醒了。桌上，半根红烛正艳，窗外，一轮圆月幽明。堂上供奉的文殊菩萨塑像，正含笑不语。

从此，这位书生就像换了个人似的，再也不怨天尤人。他娶了一位朴实的村姑，生了几个伶俐的儿女。忙时，耕田种菜；闲时，吟诗赏月。整天笑容满面，过得逍遥自在。享年八十七岁。

故事说完了，潘石屹最后这样总结道：红尘悲苦，蓬莱寂寞！这个世界上，又哪来完美的人生呢？面对不好的境遇，我们最需要修炼的是自己的心态，一种低处积累淡看宠辱的胸襟，一份坚忍不拔缓慢崛起的斗志。

文中的年轻人想换工作，其实是在逃避，逃避工作中出现的矛盾。但是他没想到的是，在他的心态修炼好之前，换再多的工作也是徒劳的。就好比故事中的书生，柴米生活就会觉得悲苦，真要入了蓬莱仙境，又会觉得寂寞，心情始终不好。没有谁的人生是完美的，唯有修炼自己的心态，才能立于不败之地。

做一个环保的人

人的一生非常短暂，很多人不懂得节约。简单举个例子，一个人如果是个心高气傲的人，你和他说什么，他都不以为然，但是为了礼貌，对方依然会吹捧你，但是他在心里却是嘲笑你。那么，和这样心口不一的人谈话，就是浪费你的时间。

我曾经是一个念头纷飞的女人，每一件事儿，都想出它负面的结果是什么，就在那瞎担忧胡操心，像编电视连续剧似的，真个是消耗内气。比如老公没有及时接电话，我就会在五分钟内想出不下几十个念头，每一个念头都让我揪心，比如是不是喝多了躺在马路上啦，是不是手机被偷啦，是不是出入了不良场所啦……

直到听到钥匙开锁的声音，整个人才一下子松弛下来。

原来什么事儿都没有，他只不过是手机没有电了！而我，却在内心激荡不安的二十几分钟里，消耗了不知多少内力和气血！类似的事情累加多了，在两三年的时间里，我一度气短、贫血，脸色黄得像一个黄疸病人。

我还观察过一个说话特别多的女人，只要是相聚的场合，不管谁说话，她都能把话头儿引到她那里，说得特别起劲儿。话多伤气！她的脸看起来，还真就特别黄。

我也观察过不放心全托的孩子到失眠程度的女人，皮肤不是一般的差。问她，如果不放心，就把孩子日托好了，为什么要如此纠结呢？她说，自己知道自己是自私的，想自由轻松一些。但真的把孩子送走了，又感到对不起孩子……纠结让她把自己的睡眠质量降低了，好像睡不好，自己的心里才会好受一些……

多么无谓的浪费和消耗啊！一个智慧的女人，怎么会允许自己亲手折损自己的生命元气呢？

你以为你这样做就是爱家人的表现。这哪是爱呢？不但家人没感到被爱，而且你自己在无形中损耗自己。这比做家务的损耗要大得多。做家务顶多是累着身，睡一夜就会好，这些内在念头的纠结，是损伤生命元气的，只会让你变得不美丽也不健康啊。

为什么寺院里的高僧可以过午不食，日食一餐？原来是杂念少，说话少（寺院要求止语），所以，非常节约能量，日食一餐，也根本不饿。而且看起来精力无限，健康长寿。我由此想，女人如果杂念少，不纠结，那么，也根本用不着吃那么多。你只需节约杂念，节约话语，你就会底气不损，脸色佳，你也不会那么饿。

以上是形而上的层面的，属于对自己心情的一种把控和节约，再举形而下的例子。

已故女教授于娟，在生前曾经写过一篇反思自己为什么得癌症的文章，她说，没得病时，以为这个家离了自己就不能转了，所以，事无巨细，把老公和儿子培养到饭来张口、衣来伸手的状态。她病来如山倒时，家里正要搬家。她发现，没有了她的出手，老公居然把一个家搬得妥妥帖帖，一点儿也不比她出手时差。

她反思到，原来，是自己没有给老公出手的空间。不知道节约自己，家人并不会感到多一些的幸福，反而有失衡感。

幸福美好的女人，你仔细品，其实都不是那么过度使用心力的女人。有一种“一切都是最好的安排”的平和与淡定，没有那么多的三年、五年计划，反而小生活过得不差。就是一个大的方向有了，自然向前走就是了，日子不能走得太急，因为你走得越快，你老得越快。

节约自己的行为，更要节约自己的念头。婚姻和日子的姿势，要紧的是从容优雅，而不是揪着心，牵着念的。安宁的心情，平和的节奏，是好日子的品质保证书。

身处万丈红尘，我们有太多的欲望，有的人就在追逐欲望的过程中失去了快乐、亲情甚至生命。托尔斯泰说：“欲望越小，人生就越幸福。”我们要做一个节约欲望的人，做一个环保的人，时刻保持一颗平常心，只有这样，才能找到自己的幸福。

人生的沉潜

当企鹅从海洋深处像箭一般腾空之时，我们看到的何止是一条美丽的弧线？那是一种积聚着全身力量的奋进，是一种磅礴凛然的大气，是一种甘于沉潜以求上进的胸襟和气度！动物尚且如此，况人乎？

柳生又寿郎是日本著名剑客宫本武藏的弟子，他曾在拜师时询问："如果我夜以继日地训练，应该不需要花多久就能成为一流的剑客吧？"宫本武藏当场斥责他："像你这样急功近利的人多半是欲速则不达。"于是自拜师之日起，宫本只要求柳生做些洒扫类的杂事，既不允许他谈论剑术，也不准他碰剑。这种状况整整持续三年后，宫本武藏开始不分日夜地突然袭击柳生，迫使柳生在躲避及反击的练习过程中吸取剑术实战经验，最终成为全日本剑术最精湛的剑客。

柳生练的是剑，也是品性。学剑者唯有蜕去浮躁之壳，沉入名利所不及的僻静处，潜入常人罕至的深底，心无旁骛地追寻武道，才能最终携真义浮上水面。剑道如此，为人处世亦然。

人才辈出的谢氏一族在东晋时声名远播，族人谢安却对如此显赫的家世不屑一顾。他不愿借助家族声望得官，只整日隐居于群山中，沉溺于万卷诗书，与闲云野鹤相伴。然而，这种生活并未持续多久，咸安年间政局动荡，举国面临倾覆的危难时，谢安毅然出山任职，凭借积攒的满腹学识化解内忧外患。

若谢安当年未沉心静修，恐怕谢家便只能与东晋王朝一同腐朽。所幸谢安有如上好的茶叶，在茶罐内潜藏多年，却愈加浓郁厚重。不但未被沸水压倒在杯底，还优雅翩然地浮到了时局表面，既还天下一个太平盛世，也为自己博得贤相的名号。

俗话说得好，“一桶水不响，半桶水晃荡”，现实生活中，恰是那些浅薄者总凭借一星半点的学识大肆喧嚣，被功利绊住了继续前行的脚步，而素养丰厚的才子在书海中默默潜行，于无声处渐渐浮起，更见谦和与沉静。

企鹅身躯笨重，没有可以用来攀爬的前臂，每次将要上岸时，它都要猛地低头，从海面扎入海中，拼力沉潜。潜得越深，海水产生的压力和浮力越大，当企鹅到达适当的深度，再迅猛向上跃起，便能如离弦之箭般穿出水面，落于陆地之上。

这种沉潜是为了蓄势，积聚破水而出的力量，看似笨拙，却富有成效。

甘于沉下去，才能浮上来，企鹅的沉潜规则，也同样适用于人的生存。

人生还须沉心静气，宠辱不惊。风吹不倒装满水的桶，却能将空桶吹翻；风吹不倒根须深厚的大树，但能吹倒根基浅薄的小树。绝大多数成功人士都是看淡人生起落的勇者，即使遇到大风大浪，也可以淡定从容地面对，而那些得过且过虚度时光，在名利的水面上漂浮太久的人，一旦被人生的风暴卷入水底，便再也没有勇气与实力上升。

傅雷曾在给儿子的家书中写道：“人一辈子都在高潮、低潮处浮沉，唯

有庸碌的人生活才像死水一般。”这里的浮沉，也饱含了对人生无常的敬畏。与其境况不佳时怨天尤人，不妨偶尔沉心静气休憩片刻，积蓄足够的力量后再向上攀升。

柳生练的是剑，修的却是一种沉潜的品性，蜕去浮躁的外壳，沉入名利所不及的僻静处，潜入常人罕至的深底，心无旁骛地追寻武道，最终攀上剑术巅峰。剑道如此，为人处世也是如此，只有静下心来，心无杂念，才能达到成功的顶峰。

先煎好一块牛排

当我们很累的时候，先把手头上的事情放下，去煎一块牛排，让大脑先休息一下，再去思考那些让自己烦恼的事情，说不定有意想不到的效果。遇到困难的时候，先放一放，再去做，也许换一个心情去做，问题就迎刃而解了。

五月，刘芬从加拿大回国度假。她说她最大的感触是，国内的身边人好像使命感都挺强，每个人都踌躇满志，热血沸腾，表情和说话语气都是紧绷的，而相比之下，他们的状态则放松得多。“我们更关注的是怎么煎好一块牛排，怎么喝好一瓶酒，怎么搭好一顶帐篷，怎么弄好院子里的一盆花过冬……全是很具体的事，没有那么多规划啊，人生目标啊，是很大很摸不着的东西。”

刘芬刚去加拿大时，也是整天忧心忡忡，邻居琳达跟她聊天，见她聊的都是职业规划，满脸焦虑，很奇怪地说：“芬，你不如先煎好一块牛排，犒劳一下自己的胃……”于是，那个下午，刘芬去了琳达的厨房，跟着她煎牛排。那天，焦虑和规划、前景什么的都暂时放一边了。刘芬感觉一切好像真的变简单了。这之前，她每天都是面包牛奶胡乱对付，因为没有心情。而这之后，她心烦时，就想不如……不如进厨房煮一锅土豆汤，不如去煎好一块牛排，不如用红酒烧牛腩。把自己逗开心再去应对烦琐的事，原来，事情并没她想象的那么烦琐。

先煎好一块牛排，先搭好一顶帐篷，先说好一句话……它们具体得有些琐碎，但它们悄悄地具体地改变着周围的小气场。“相比之下，我们显得莫名其妙得多，连一顿饭都没有好好吃。”刘芬不无感慨地说。

还有一点刘芬很有感触：“人都是情绪化的，当一个家庭的一方情绪不佳时，我看到最多的方式是打破砂锅问到底，有什么不高兴的事，说吧。搞得家里像座谈会。而琳达不一样得多。”彼得某天回家闷闷不乐时，琳达拿出新买的中东咖啡豆，煮了一杯特别的咖啡，还撒上了伊斯坦布尔香料，用平时不常用的咖啡杯装好，端到彼得面前。她什么都不问，递上一杯上好的咖啡去安慰他。后来，她同刘芬聊起来：“不要跟着着急，试着做点具体的事。”

而且针对孩子的更有意思。他们相当具体，不是说你将来要考什么大学，要当什么科学家。他们落脚到两点：学会笑眯眯，学会说谢谢。真的是要求太低了。对我们不屑一顾的事，他们却相当看重。对比国内刘芬遇到的那些长大要当科学家的焦虑的小人们，一个个在饭桌上胡来，吃别人的东西连谢谢都不会说，只会惹旁人厌，刘芬算是明白了这些具体而小得不得了的要求。连成年人都不知笑眯眯啊，一天到晚苦大仇深极了。

临回国时，琳达为她送别。她们坐在院子里，琳达打开一瓶红酒，先让它醒一会儿，五分钟后，院子里充满了红酒香，“来，开喝。”而那天，琳达的小儿子生病了还未好，大儿子面临着升学，先生换了单位，她自己有轻微更年期的症状。可是琳达不急，先喝好一杯红酒，安顿孩子喝水睡下，大儿子在学校复习，先生换单位，回来先好好喝一杯放松一下，她自己呢？更年期很正常，喝点小酒就过去了，完全不必焦虑。

刘芬后来算是明白了，在国内，红酒只是一种附庸风雅的工具，而在琳达那里只是具体的生活，一种改变心情的工具，他们才是最会享受红酒的人。

生活就是要快乐，即使遇到困难，我们也要淡然地活着，该干什么就干什么，不要被它乱了方寸。放松心情，保持平常心，从小事做起，不要急躁，不要紧张，从而把小事做好，那么眼前的烦恼就会烟消云散。生活就是有时间，泡好一壶茶，煎好一块牛排，在一个闲暇的下午享受阳光的温暖。

别让眼光局限了你的境界

一只蚂蚁的格局是什么？当然是眼前的一小块地盘。一条狗的格局是什么呢？当然是眼前的肉骨头。那么，一个人的格局是什么呢？不同的人，有不同的格局，有人着眼于蝇营狗苟，有人放眼于天下，不一而足。

一大块漆黑的印记，在地面上不规则地蠕动着，那是成千上万只蚂蚁正在展开一场鏖战。这场争夺风水宝地的战争持续了几个小时后，蚁族死伤无数，战场一片狼藉。这场景，被一只狗尽收眼底。

你可能要问，难道真有一动不动地在原地待上几小时的老实狗吗？在这个市场上，的确就有这么一只著名的狗，这狗就是卖肉人的狗。多年来，狗和主人已经形成了一种默契和习惯：每天一大早，狗就尾随主人来到肉摊，主人第一件事就是先剔出几块大骨头扔给它。它每只爪子踩住一块，狼吞虎咽地大嚼一通。当剩下最后一块的时候，它已经撑得很厉害了，可它还是不敢有一点儿疏忽和懈怠，仍死死地用两只前爪护住那块骨头。因为旁边早已有两只饥饿的狗在虎视眈眈地伺机行动呢。就这么原地不动地熬上几个小时，蚁族间的战争就成了它打发时光的事情。

看久了，狗便有了感悟，当然，更多的是嘲笑。它想："真是蚁目寸光呀！偌大的土地，到哪里不可以安家呢？非要赖在一隅，用生命的代价争夺。难道它们不知道，生命只有一次，而土地无限呀！蚂蚁到底是蚂蚁，心胸简直狭隘到不可思议的地步。”当狗为蚁族扼腕叹息的时候，感觉内急阵阵，口渴难耐。它顾不了许多撒腿就跑，另两只狗趁机一拥而上，抢走了骨头。它气得大叫不止，一直叫到主人收摊，才气哼哼地尾随而去。狗的生活就这样日复一日、年复一年地重复着。

狗的一生际遇，早已被狗主人和附近的人尽收眼底，成为人们茶余饭后的笑料了。狗主人轻蔑地说：“狗这傻东西，简直惊人地愚昧。吃饱了就让别人吃嘛，你可以轻松地去四处观光、闲荡，何必为了一块本已不需要的骨头而放弃丰富多彩的生活呢？另两只狗也太想不开了，完全可以去别处找食嘛，地方大着呢，何必在一棵树上吊死？为一块骨头等上一辈子值得吗？唉，狗终归是狗呀！”

当狗主人在嘲笑狗的时候，他的生存状况早已被一位菩萨注意到了。他看到，狗主人整天在市场忙着卖肉、算计，还隔三岔五地和顾客要要小心眼儿，和同行生生小气。这几乎成了他的全部生活内容，而这一切都是为了他的买卖占上风，挣更多的钱。菩萨摇头叹息道：“愚蠢呀，他过着丰衣足食的好日子，却让自己整日陷于凡俗琐事、纷争怄气之中。五千年才轮到他出场一次，却这样随意地浪费了宝贵的一生时光。人生还有很多更值得做的事啊！比如，和父母唠唠家常，带妻儿郊游兜风，欣赏音乐、读书、运动……”

当蚂蚁、狗和人沉溺于惯常的生活时，并没有评估本身生活品质的远见。只有超越于生活之上，用狗眼看蚁，用人眼看狗，用佛眼看人才看清了，人们最认定的这种为物质而钻营忙碌的生活方式，其实，只不过是千百年来形成的心牢，使自身的生活变得异常狭隘。就如同一条流淌在谷底的小溪，看似热烈地奔流，其实只占据了大千世界的一条窄道。人往往超不出这自我思维定式的设限，就像蛹，以为茧就是整个世界。

提升你的境界，就是开阔了你的眼界，延展了你的世界。

如果把人生当作一盘棋，那么人生的结局就由这盘棋的格局决定。想要赢得人生这盘棋的胜利，关键在于把握住棋局。在人与人的对弈中，舍卒保车、飞象跳马……种种棋着就如人生中的每一次博弈，棋局的赢家往往是那些有着先予后取的度量、统筹全局的高度、运筹帷幄而决胜千里的方略与气势的棋手。一个人的格局大了，未来的路才能宽！

丑女就该乖乖去死吗

长得丑不是我的错，但是人们却不这样认为。难道丑女就该乖乖去死吗？当然不是。世界上那么多外表丑陋的女人，是什么支撑她们坚强地活下去，并且越活越欢快呢？

初中的时候，班上转来一个女生，高挑、清纯，能把一切俗艳的颜色都穿出圣洁的味道。她顺理成章地成为男生心目中的女神。

不幸的是，她成了我的同桌。

我很想和当时的老师谈谈，你把一个女神和一个死胖子放到一起，让我每天听她倾诉美女的烦恼，老师啊，你什么心态！

比悲伤更悲伤的事是，我暗恋的男生，只花了十秒钟，就喜欢上了她。

我每天目睹他跟女神搭讪。

有一次，我暗恋的男生跟女神讲了个笑话，女神当时正感冒，一笑，就冒出巨大的鼻涕泡……

场面极其尴尬，我内心极其窃喜，这下子，男生总该幻灭了吧。

他对女神说，你好可爱啊。

13岁的我，还不懂得一个人生真谛，只要你长得美，什么都可以原谅。

那么，丑女就该乖乖去死吗？

是什么支撑我坚强地活下去，并且越活越欢快呢？这要感谢高中时我看到的一篇文章，上面有段话太治愈了，大意是，不管一个女人有多少男人喜欢，有多么集万千宠爱于一身，她最终只能嫁给一个男人。

真正决定你喜怒哀乐的，不是那些倾慕者，而是你爱的人，或者说，你嫁的人。只有他，才能对你情感生活的品质，有决定性的影响。

我有个美女朋友，我认识她的两年内，就有40多个男生追她。她去银行存个钱，都能招无数桃花……女生们该恨死她了吧？完全没有，她人品奇好，简直是活体圣母，还是买单狂人，搞得我想给她的饮料里加点砒霜，都不太忍心。

重点是，她情路之坎坷，像是故意要安慰身边的丑女似的。她的第一任男友很有才华，但太花心，最终怒而分手。第二任男友性格很好很幽默，但酷爱吃软饭，后来傍上一富婆，把她甩了。再后来，她决定找个有安全感的男人结婚，这个男人没有什么明显的缺点，同时没有任何优点，就是大街上最路人的路人。因为反对她嫁给这么平庸的男人，我跟她吵架，差点翻脸，她还是嫁了。她老公是公司网管，月入几千块，迷上一个国产网游，往里面砸了几十万，把他们准备买房付首付的钱都挥霍光了。现在的她，31岁，住着租来的房子……圣母的她，还不打算离婚。

这并不是说美女就没有好下场，但美女也不是我们想象中那样活在花团锦簇中，睡着了都笑醒。作为丑女，有一两个男生追，我们会喜不自禁，但是，美女早就习惯了。对于美女而言，男生追她是情理之中，她们要的是更具稀缺性的、更高难度的爱。因此，美女和丑女的幸福，其实都是掌握在她们自己的手中。

在现行婚姻制度下，美女和丑女幸福的概率相差并不是太大，真正影响幸福的，是智商和情商，呃，还有运气。我身边那些婚姻幸福的妞，往往是长得中等或中上，但情商特高的。她们凭什么得到幸福呢？因为，她们把拿来嫉妒美女的时间，让自己变得更好了。

在孤独中独舞

不要把孤独当成什么可悲又可怕的事情。它是正常的。你只需要去如实地感受它，它就不再是难以忍受的。就如无人理解自己，是正常的。没人安慰，也是正常的。在孤独中修炼，翩翩起舞，舞出一个灿烂人生。

前两天有个网友给我写信，问我如何克服寂寞。她跟我刚来美国的时候一样，英文不够好，朋友少，一个人等着天亮，一个人等着天黑。“每天学校、家、图书馆、几点一线。”

我说我没什么好招，因为我从来就没有克服过这个问题。这些年来我学会的，就是适应它。“适应孤独，就像适应一种残疾。”

我觉得，快乐是可遇不可求的，但是充实是可求而不可遇的。我的快乐很少，当然我也不痛苦。主要是生活稀薄，事件密度非常低。我典型的一天：一个人、书，电脑，DVD。一个人，一个星期平均会去学校听两次讲座。一周工作日平均跟朋友吃午饭一次，周末吃晚饭一次。多么稀薄的生活啊，谁跟我接近了都有高原反应。

我这人其实一点也不孤僻。生活中认识我的人都知道，我是多么平易近人开朗活泼。有时候，我就是懒，懒得经营一个关系。还有一些时候，就是爱自由，觉得任何一种关系都会束缚自己。当然最主要的，还是知音难觅。我老觉得自己跟大多数人交往，总是只能拿出自己的一个子集。我很难找到和自己一样一望无际的人。

有时候也着急。不仅仅是因为错过了亲友之间的饭局、谈笑、温情，不仅仅因为一个文学女青年对故事、冲突、枝繁叶茂的生活有天然的向往，也因为一个人思想的先锋性总是通过碰撞来保持的。我担心，我老这样一个人待着，会不会越来越傻。

但另一些时候，我又惊诧于自己的生命力。在这样缺乏沟通、交流、刺激、辩论、玩笑、聊天、绯闻、传闻、小道消息、八卦、MSN的生活里，没有任何“圈子”，多年来仅仅凭着自己跟自己对话，我竟然保持了创造力和战斗力，竟然写小说、泡博客，而且写得如此饱满热情，我又是何等顽强的一株向日葵。

年少的时候，我觉得孤单是很酷的一件事。长大以后，我觉得孤单是很凄凉的一件事。现在，我觉得孤单不是一件事。有时候，人所需要的是真正的绝望。真正的绝望跟痛苦、跟悲伤、跟惨痛都没有什么关系，真正的绝望让人心平气和。你意识到你不能依靠别人，任何人，得到快乐、充实、救赎。那么，你面对自己，把这种意识贯彻到一言一行当中。

我想自己终究是幸运的，不仅仅因为那些外在的所得，而且因为上帝给我的顽强和禀赋。它告诉我“浑浑噩噩的生活不值得过”，教我用虚无、骄傲、愤世嫉俗超越那种浑浑噩噩随波逐流的生活，然后教我用是非感、责任心来超越那点虚无、骄傲、愤世嫉俗。

当罗素说知识、爱、同情心是他生活的动力时，我觉得这个风流成性的老不死简直就是我的亲哥。

因为这幸运，我原谅上帝给我的一切挫折、孤单，原谅他给我的敏感、抑郁和神经质，原谅他让 X 不喜欢我，让我不喜欢 Y，让那么多人长得比我美，让那么多烂书卖得比我的好，甚至原谅他让我长到 105 斤，因为他把世界上最美好的品质给了我：不气馁，有召唤，爱自由。

我们一直在孤独中跋涉，在寂寞里坚守。命运从来都是峰回路转的，因为有了曲折和故事，我们的生命才会精彩。人生的旅途中，我们谁都不知道，谁会与谁相遇。那些路过的风景，只是眼前掠过的一道光。

谁也赢不了时间

当雨水从屋檐落下，在院子里生成一朵朵好看的水花时，时间啊，我能抓住你的小手。生生灭灭，你们快乐地摇曳，跳入地沟，不见了！所有的东西都是你的玩物，你把他们送走，自己又回到我的跟前，因为你要和我一起长大。

我睁开眼打量四周的时候，不知道世上还有时间这玩意儿。

躺在母亲怀抱里，咿咿呀呀，蹒跚学步，我觉得自己在一个无可名状的大海里游泳，某个神奇的事物托举着我娇嫩的身体，任由我翻滚嬉戏。

你如果叫它时间，时间那会儿是时间，我是我。如果知道它是要把我收进魔掌，我一定拒绝长大成人。

当雨水从屋檐落下，在院子里生成一朵朵好看的水花时，时间啊，我能抓住你的小手。生生灭灭，你们快乐地摇曳，跳入地沟，不见了！

所有的东西都是你的玩物，你把他们送走，自己又回到我的跟前，因为你要和我一起长大。

这样，你慢慢潜入我体内，谛听我的心音，长大了的我浑身充满力量，可以从容打量父母了。

春风夏雨，秋月冬雪，我把自己归于攀登者的行列，山高我为峰，我与天公比壮志，天有一丈高，思想就能袅袅升空十尺。彼时，你乖巧地隐居在我体内，我快活得几乎忘记了你的存在。

某日，你脱壳而出，跨上那匹褐色骏马，一溜烟奔向远方。

你拖我向前走的时候，你回头看我，你拽我，时间，你不再是我的时间了。

你按照第三宇宙速度前进，而我脚踩在祖先的土地上，满含热泪。

你总让我想起你，用皱纹、肚腩和眼袋让我明白你的价值。你在我身上做手脚，把我不喜欢的样子给我。

某夜，我挥刀割断了与你的脐带联系，不想再看你的脸色行事了。

我仿佛又回到了童年，看着你把天空涂蓝，又抹黑，你的那些把戏苍白无力，我知道心在自个儿的胸膛里跳动。

当我撕去日历，扔掉手表，你就从我的生活里消失了。日月交替，春秋代序，我知道那是自然发生的事情，我已经不再害怕你了：在时间之外，我仿佛获得了真正的自由。

可以把这理解为慢生活，也可以理解为遵从自己内心节奏的生活。

谁被时间拖着往前走，谁就是奴隶，而奴隶是不配享有自己的生活的。

计时的发明，现在看来是人类最大的错误，因为它把人们全部变成了时间的奴隶。

不论按照原子钟生活，还是按照机械表过日子，我们其实都在被时间所规定，把一生塞进人为设置的时间容器里，似乎谁装得多，谁就是胜利者。不幸的是，我们知道在时间面前是没有赢家的。

一天，我收到初恋伊人的短信，那些文字足够我憧憬好几个春天。

30 年前的情景骤然复活，白桦林，西边的落日，绵绵的思念，就在我试图沉溺于伤感之河时，时间突然横亘在眼前，挡住了去路：那时，路远声渺，想象疯长，彼此臆造了一个中意的伴侣，不可能恰恰成就了愿景；其实，那只是一场一意孤行的游戏，玩过了一切便结束了。红颜黑发尚怕面对，黄脸白发岂能接受？其实，你们一直都是陌生人，可供咀嚼的养分已经被我晒干。

我的时间，听起来很有成就感，但那是一个愚蠢的所有格，谁会能真正拥有时间呢？

时间，那个疯疯癫癫的玩意儿，想抓住他的必死于他之手。我的时间，我的神，当我不再供奉你的时候，我就获得了自由。

时间河冲刷一切，你沉默睡在河底。其实有时候，我们会感到害怕，害怕我们的心，会是河床边冷硬的石。我们害怕时光的冲刷太有力，会令它渐渐蚀去嶙峋的样子。但是我们并没有忘记。原来，不管生命的水流有多湍急，在时间河底，我们被磨蚀的心，始终有一块遗落在那里。

做一个极品 Man

俗话说，认真的男人最 man，但现在是一个分心的时代，各种诱惑时时刻刻都在冲击着我们的大脑。不论你是领导者、商业人士或者是普通白领阶层，抑或是求学阶段的学生，突然之间，你会发现，在这个互联网时代，你已经很难专注于做一件重要的事了。

生活，常常是被某些人和事点亮的。

听好友谈起她的姑父，一个搞地质的男人，极 Man。她的姑父从年轻时就是黑脸，貌不惊人。到四五十岁了，脸还是那样，很经得起岁月磨砺。年轻时就是一脸风霜，老了只会越看越年轻，因为周围人都在变老。

好友的姑父有一个大嗜好，十分喜欢做菜。所以，嫁给他的女人有福了。她的姑姑细皮嫩肉，性格文静，年轻时是大美人。人的缘分就是这么奇怪，外表看上去并不般配的两人不知怎么走到了一起，而且特幸福。多年后，姑父混得也算有头有脸的人物了，但是，每每参加外面的饭局前，总要先回家做好饭，他嫌姑姑做饭不好吃。姑父在外面吃到好吃的，即使回家已是夜深，也会配齐食材小试一把，有时还把睡梦中的姑姑拉起来尝菜。想想，月朗星稀的夜晚，大男人在厨房摆弄锅碗瓢盆的背影，热气腾腾。

一个人，在某一方面，真可以痴到如此程度的，这种痴相，很

Man。

更痴的还在后面。好友的姑父定居在广东，老家在江西，每年过春节，必定要回老家，再冷都要回去。为啥？因为要做饭。于是，最壮观的场景出现了：每年腊月底的某一天，他必在空旷的地里支起一口大锅，点着柴火，将食材一长溜摆开，熏肉、熏鱼、土菜，红烧羊肉、走地鸡汤、柴火铁锅焖饭……那阵势，一个家族的人都在一边候着，姑父挥汗如雨地在大锅前炒菜，还不让别人插手，黑脸在柴火前变得通红，只留下两眼熠熠发光。

这还不过瘾，他前些年又在山脚下盖了一间小房子，平日空着，就为了春节期间堆放各类柴火，存放熏鱼熏肉等过冬的年菜……好友每年风雪无阻，拖儿携女回乡过年的原因很简单，为了那顿大锅饭，为了那些原汁原味令人怀念的家乡美食。

好友讲了一个看似无关的细节，她的姑父前两年买了别墅，但是开着很普通的车。别墅区住着很多有钱人，保安有些势利眼，某天惹怒了疾恶如仇的姑父，两人发生了口角，保安叫了一帮人来围攻姑父。姑父一点不畏惧，摆出了一个武术亮相姿势……那帮人对望了一眼，散了……姑父拍拍手，没事人一样回家了。这个场景超级 Man，对不？

她还说，姑父熟悉每一种建筑材料，家里装修的地砖找不到理想的款式，就自己设计图案，找到加工厂加工，花钱不多，得到的东西却独一无二。他笑呵呵地解释，自己做的才最奢华。那种得意，很 Man。

世上多了一个 Man 一点的男人，就会多一个 Woman 一点的女人。好友说姑姑在各个方面都被保护得很好，不怎么爱操心，说话软软糯糯，皮肤也好，虽不怎么会做菜，但鉴赏力一流。如此看来，与其说 Man 是对一个男人的褒奖，不如说这是一种格调，透过这种格调，女人们看到了属于自己的幸福生活。

人生在世，只要你选好了一件事，并且专注地做下去，就一定会取得成功。居里夫人一生致力于镭的研究，获得两次诺贝尔奖；列文·虎克60年如一日磨镜子，最终发明精细显微镜；曹雪芹劳累终生，一本《红楼梦》写尽人生百态、世态炎凉。这些事例无不显示，专注于一件事持之以恒就会有所收获。

多想想自己拥有的

我羡慕别的安稳生活，羡慕别人日子的优哉游哉，羡慕别人每年的长假，但是我不愿意成为他们，因为，我已经习惯了现在的我。人生的轨迹很多时候不是自己选择的，而是自己是被动接受的，那就是倾听自己内心的声音！

前几日，参加大学同学聚会，感触颇深！我高中毕业上了河北师大音乐系，同学们大多是音乐教师，聚会时吓了我一跳，孩子都上高中了！长得比我高，成了粉丝来跟我合影。很多年没见，同学之间并没有生疏，聊到一些上学的趣事，晚上 K 歌每人都高歌一曲，相聚甚欢！

不过话题一转，聊的多是孩子要上哪所中学，还有我听不懂的什么学科要不要上，听得我像个外星人，忽然觉得自己成了中年妇女！

虽然其实已经是了，但做娱乐这行，一起混的都是年轻人，完全没了时间跟年龄的概念。现在，我还把自己当浪子呢！

同学们工作安稳气色也不错，能歌善舞，日子过得优哉游哉，却羡慕我人有多大胆儿地有多大产！我苦笑着说："你们每年有两个假期，这可是我想都不敢想的美事儿啊！"

我羡慕他们，却不愿成为他们！为什么呢？因为，我已经习惯了现在的我。每天的日程在一月前就被安排好，背负着沉重的收视率和销售报表，为了报答人家曾对节目的支持必须在四处感恩地参加各种活动。有时，我看着北京一条条拆迁重建的大街问司机：“这是哪儿啊？”旁边人笑我农民进城。是啊，每天公司，录像，回家，沿着这条线一路奔驰，根本没机会进四环！

我不知道我的选择是否正确，因为只有开始是我稀里糊涂选择的，一路演变到现在，这一切是我必须接受的。来不及想想未来可能发生什么，没时间抱怨回头，因为总是忙得太困了，有时间，也只想补个好觉。

人生的轨迹很多时候不是自己选择的，可也算是自己接受的吧。后来终于听到一句话能解释了：倾听自己内心的声音！

现在“声音”这词特火，也许，我的选择就是当时心底的声音吧，虽然当时没听太清楚，可能太微弱，但冥冥中我还是这样做了。如果我当时人生的另一条轨迹是做老师，一年两个假期，我也不知道我会不会喜欢，我没有经历那些，就被挤入这滚滚的首都汪洋打拼浪潮中，一晃十几年。

在别人眼中看到的只是冰山一角，别人羡慕我，我却嫉妒她们。而且说出来人家也不信。就像名气，都以为越大越好，钱挣得越多越好，绝对不是！内心的声音也许在唱悲歌。采访了太多人，感谢他们愿意袒露给我最真实的一面，让我懂得，选择平凡，活得真实的人才是世界上最幸运的人。

可惜大多数拥有这两样的人却往往不觉得幸福。拥有很多的人，得了抑郁症跟强迫症。

我今天明白的是，也许每种生活都是你心底的声音，你现在的样子，正是你心底的声音暗暗帮你选择的，没有哪个更好！

所以，多想想自己拥有的，别羡慕别人！

看过一段引人深思的话：我需要很多很多的爱，如果没有爱，那就要很多很多的钱，如果两样都没有，那拥有健康也是好的。虽然对于爱、钱、健康三者的排序未有定论，但有一点非常明确，我们执著追求的一切，也许不一定能一一实现，但是总有值得我们珍惜的东西一直都在我们的身边。

幸福的高潮

热爱生活是人生的地基，不能因为遭遇的问题而自暴自弃，对生活没有憧憬；也不能因为自己人生的道路坎坷而仇恨生活。我们要以积极乐观的心态去面对生活，热爱生活，去享受我们美好的的人生。

每个人的一生中都会有几次高潮。每天的生活中也一样可以有几次高潮。现在，我每天的第一次高潮就在下午四点整。

挂钟长针一指到最上面，老公就从冰箱里拿出啤酒，倒满两个高脚玻璃杯，彼此说着“辛苦了一天”碰杯，一口气喝下这冷冰冰且碳酸气十足的液体，酒渗透到五脏六腑的时候，我每次都不禁喊出：“好幸福！”

如果有客人在，老公则会找来喝香槟酒用的长笛形杯子。倒的还是跟平时一样的罐装啤酒，但是，透过细长的水晶玻璃看从杯底一点一点冒上来的很多小泡，简直跟海里的珍珠一样美丽。客人的味觉定会受视觉的影响，保证会说：“哎呀，真好喝！”然后，瞪着眼睛，既羡慕又谴责地问道：“你们每天都在这个时候就开始喝酒的吗？”

“对！”我们夫妻一边回答一边相视而笑。

我在加拿大安大略省生活的时候，到工厂做事的人很多都上午七点上班，下午三点就下班了，那样也足足工作了七个钟头。早下班的好处是，回家后还有半天的自由时间。

有一对中年华人夫妻，每天双双上班，双双下班，又双双到附近的小溪去钓鱼。先生原先在中国是大学教师，来到加拿大倒成了工人。别人可怜他工作不如意，然而他本人却说："这样享受日子也不错啊。"达观的人生态度，令人联想到中国传说中的仙人。

上午九点钟上班的白领阶层，下午五点整下班，他们直接回家换上T恤、牛仔裤，要么跟孩子出去打球，要么在车房边的工作间做木工活儿。省府多伦多的商业行政区和住宅区互不分隔，市民不必在通勤车上浪费宝贵时间。

当年，有位日裔太太跟我在同一家公司上班。她每天上午跟大家一起喝咖啡，中午吃饭时也喝点饮料，但是到了下午就什么也不喝。我有一次问她口渴不渴，人家很坦然地回答说："当然非常渴。但是，渴了几个钟头以后才喝的第一口冰啤酒，我敢断定它是世上最好喝的东西，着实称得上甘露。"

原来，每天下午四点，她比其他人早下班回家，丈夫还没回来之前，她先一个人坐在客厅的沙发上，边看外边美丽的风景边喝啤酒。她说："很快就要开始做晚饭什么的，我自个儿闲坐的时间并不长。但是，我活着，就是为了那一刻。"

四点钟，我喝着啤酒，开始做晚饭。老公放他喜爱的古典音乐，边跟孩子们玩耍边跟我聊天。五点钟开始吃晚饭，六点多完毕。然后，洗碗、收拾、倒垃圾、铺被褥、刷牙、洗澡、讲故事。八点多，孩子们跟爸爸说晚安，我则陪到他们熟睡。

之后，才是私人的时间。如果还有工作没做完的话，那么得回书房加班去。

总而言之，在忙碌的一天里，下午四点钟是我能够松一口气的黄金时刻。如果是夏季，太阳还挂在高处，隔壁大学校园的悬铃木树叶绿油油的。大白天喝冰啤酒的感觉，犹如去度假一般令人快乐。如果是冬季，就是夕阳无限好的时刻了。我家阳台正对面看得见富士山，被夕阳照射的姿态壮丽无比，真不愧为灵峰。虽然房子不大，有点拥挤，但是因为有这超级景观给啤酒添加味道，我们是愿意住下去的。

下午四点钟，日本全国还都在工作的时候，悠然喝起啤酒来，实在别有滋味。那大概是偷闲的甜头吧。

人的心就像一个容器，装的快乐多了，烦恼就少了；装的简单多了，纠结就少了；装的满足多了，痛苦自然就少了；装的宽容多了，仇恨就少了。你用它来洗东西，它就是一个洗具；你用它来做杯子，它就是一个杯具。

幸福的泪点和笑点

钟点工阿姨问我："你一个人在家不觉得无聊吗？"她很奇怪，因为她所认识的那些住在公寓里的女人，不是逛街就是打麻将，那样的日子在她眼里才是充实并且正常的。我当然不无聊，因为我有自己的快乐，也有自己的幸福。

我家的钟点工阿姨，以前每次进门后都忍不住地问我："你一个人在家不觉得无聊吗？"她很奇怪，因为她所认识的那些住在公寓里的女人，不是逛街就是打麻将，那样的日子在她眼里才是充实并且正常的。

我当然不会去和她较劲：我打发时间的方法至少有十种，每一种都比逛街和打麻将更令人愉悦，我热衷与自己相处，更深深懂得什么是更有趣的事。

而她所能理解的世界是热闹喧腾的，是每晚筷子都能夹到肉片，是家长里短的闲暇八卦，是言听计从的丈夫和孩子，那是属于她的幸福。

一个姑娘告诉我：她每天忍不住地打电话找他，他稍有语气不好或者态度敷衍，她就很受伤，害怕他拂袖而去，害怕他爱上别人，尽管他承诺了爱她也愿意娶她，她却仍然找不到安全感。我问她：假如这一刻你们分手了，你会怎么生活？

她仔细想想后深觉可怕，因为除了爱他，她的生活竟然已经没有了其他有趣的事可以做。她心想的是，我该如何讨好这个男人，我该如何看住这个男人，而唯一遗忘的事情就是：她没有了自己的生活。

这是许多女人不幸福的所在，将全部的幸福都寄托在一个男人身上，喜怒哀乐全部与他相关。一旦哪天，这个人撒手离去，她们的世界就全然崩塌。

不要怪这世界变化快，只是你的世界太狭窄，容得下爱情，却独独容不下你自己。

你时常被他无意的一句话惹得号啕大哭吗？又或者总是因为他的一个无心之失就恼羞成怒？你如若还在为此念叨不休拼命抱怨，你就会忽略了：这其实是幸福对你的警告。你的世界败象已露，已丢盔弃甲，最后只能等待别人轻易地攻城略地，再好心施舍一份尊严给你这样的降兵。

年轻的时候，我们的快乐很简单，泪点很低，笑点也很低。伤心容易，快乐也容易，因为一觉之后就是新的一天。可是人类太容易遗忘快乐，对痛苦的记忆能力远高过其他。

一个人的成长，与其说是看到更多的刻薄人性，不如说是时光逼着你不得不学会处理痛苦、找寻快乐。

忽然发现，原来爱情是一种能力，快乐是一种能力，遗忘更是一种能力。

不进步不成活。那些我们与生俱来就懂的事，其实才是最需要学习的事情。

我们不能因为爱情丢了自己，因为那样，就会以爱之名行伤害自身之事。我们不能因为爱情，而没有了其他的快乐，因为那样，痛苦将如没有山峰阻拦的寒流侵袭直下。

幸福在哪里？以前我以为的幸福是：有一个命中注定的人，他无条件地爱你，永远不会和你分离。现在我以为的幸福是：我的泪点很高，我的笑点很低，因为值得我快乐的事很多，而值得我哭泣的事越来越少。

坦然面对失去

每个人最难做到的事情就是放过自己，很多时候就是自己抓着自己不放，最后累了自己，也伤了自己。放过自己，是我们每个人最想做的，也是最难做到的。

新年前，一位朋友的母亲走了。

那个失去了母亲的女子，是我和陈丹燕共同的朋友。按照民族的习俗，母亲在安葬之时，要擦洗身体，剃掉所有的毛发，用洁净白布包裹，在这个过程中，女儿应该守在身边，目睹时间和生活是怎么样耗尽了一个人，并最终带走她。

那个下午非常寒冷。她打电话给陈丹燕，泣不成声，她说我非常害怕，我很小就离开家，从来没有接受过这样的训练，我不知道能不能看下去。

在我们三个人之中，只有陈丹燕经历过这样的告别。有的经历是很重要的，要教她不要怕，先要懂得她的怕。陈丹燕说：你一定不要去参加这个仪式。你是她的女儿，她走了，你的生活还是要往下过的，你不能过不去。

是的，死亡距离我们那么近，它一定会发生。《圣经》上也说：不要怕。可是很多像我这样的人只是在理论上知道不要怕，当你独自面对一只孟加拉虎时，害怕是最没用的，老虎不会突然昏厥放你走开。可是真正做到不怕，那的确很困难。

在上海的雾雪天气里，我约了朋友见面。我不知道能否安慰到她，特意去花店买花，不要红玫瑰，不要白玫瑰，不要黄玫瑰，那都是不体贴悲伤的颜色，最后，我挑选了一束蓝色的莲花。正是黄昏时分，人群拥挤，每个人都是沉默的、匆忙的，在这样的世界里，即便站在千百人之中，我也会觉得孤独，只有怀抱里的蓝色莲花令人安慰，它散发出清晨的露水气息。

当她站在我面前，看着我，就像个迷路的孩子。人生中最重大的失去降临了，它不可挽回，这还不是最糟糕的，最糟糕的是：你再也看不见她，再也听不到她说话，可是她并没有离开。你会一直闻见她的气味，吃饭的时候，想起她留下的一只碗，去超市一眼发现她最喜欢的云片糕，你忘了好多事情，偏偏记得怎么顶撞她，气得她大哭。

人间的感情就是这样：一直在深爱，一直在痛苦。一直在期待，一直在失望。

她说，实际上母亲在病痛后期非常痛苦，渐渐丧失体面，多次提出要求安乐死，儿女们都不说话。你知道为什么吗？是我们需要她，我们觉得不够，不能放下。

我手臂上的汗毛都竖起来，那种不够的感觉我体会过，我们为什么会觉得不够？因为不安全。你可以拥有很多东西：面朝大海的阳台，世界上最大的钻石，非同一般的美貌，不会枯竭的才华，包括下世都用不完的金钱，可是你依然觉得不够，因为你拥有的都会面临失去，那种不够，是每个人都尝试过的巨大痛苦和不完整。

我看过记者采访一位伟大的佛教导师，他说：我很多很多时候都会觉得孤独。如果要对峙它，必须接受你是孤独的，一旦接受，你就没有了那种不真实的期望，情况就会变得好一些。

接受孤独，接受失去，接受自己是不完整的，偶尔还会被变故打败。也许接受是难以下咽的，但在无法承受的时候，要学会放过自己。

独自回家的路上，我又去了那家花店，买了同样的蓝色莲花。这条路的两边种植着高大的法国梧桐，在转角处，我把那束蓝色莲花轻轻放在地上，盼望有一个独自走夜路的人能够看见它，带走它。

人生的每一条路都是悲欣交集的，即便在冬天凋零的树下，坚持往前走，总会遇见好运气，转角处一定有礼物。

人生是一场负重旅行，越往前走，身上的负重就越多，想要走得洒脱和漂亮，必须自己放过自己，坦然面对失去。只有放过自己的人，只有接受失去的人，才能更好地生活，更好地行走在人生之中。这道理谁人都懂，但是这世间又有几人能做到？请放下心中的执念，轻装前行。

情感篇

但愿你的
世界都好

不管以后相隔多远，
我都会记得你，
记得我们当初在一起的所有美好时光。

我在时光深处倾听你的呢喃

躲在某一时间，想念一段时光的掌纹；躲在某一地点，想念一个站在来路也站在去路的人。凡世的喧嚣和明亮，世俗的快乐和幸福，如同清亮的溪涧，在风里，在我眼前，汩汩而过，温暖如同泉水一样涌出来，我没有奢望，我只要你快乐，不要哀伤。

01

时隔多年，我依旧能在首都机场拥挤的人群中认出方若晨。那臭不要脸却着实俊朗的外表，还是令我如此着迷，一直认为我已不再是那个整天坐在课桌前抱着饶雪漫的小说幻想的校园妞了，可是当我再一次看到方若晨，说心里话，还是会有四年前那种爱得心醉的感觉。

四年前不顾父母的反对，赌气般去法国留学。登机的一刹那，转身时并没有如想象中方若晨手捧一束玫瑰来送我，而是我坐在那里，哭得稀里哗啦等待飞机起飞时，意外收到方若晨的短信：她崴到脚了，我要陪她去医院，不能送你啦。再说我也不知道该以一个什么样的身份去送你。

陪她？或许她比我漂亮，比我对你好，比我更爱你。我不知道该不该回短信，而恰巧此时飞机的服务人员要求手机关机，我只能流着泪静默地合上手机，心里晓得或许就此一别，也无再联系的必要了。所以到法国之后，我更换了手机号、MSN和邮箱，除了在与父母的越洋电话里间或听到几句有关方若晨的消息，别无其他。

在法国的四年，觉得自己一直活得超凡洒脱，生活很充实。可终究只是外强中干，内心依旧空落燎原。每次搪塞追求者，都会拿方若晨当挡箭牌。曾拼命地对自己说，已经不爱方若晨了，但在首都机场见着他的时候，眼角又湿润了。

我拖着沉重的行李箱，缓缓地走到方若晨面前。

他很兴奋，紧紧环抱住我，那种肩膀厚实的感觉让我又找回了曾经遗失的依靠感。要是四年前他如此抱着我，我该多快乐多幸福呀。可是时光消逝，我们都不再是从前轻易说爱又轻易说不爱的孩子了，我们更懂得了爱不但是一种感觉，更是一种责任。

方若晨冲我腼腆地笑：寒溪，这么多年没见你了，好想你，我太兴奋了，真的。

是吗？我倒没有这种感觉。我轻描淡写地敷衍着，可心里清楚得很，爱之深，痛之切，我见到你内心就如同破碎的五味瓶，一个兴奋能表达你全部的感受，却怎能表达我千分之一的感受？

02

我与方若晨从小是在北京昌平的四合院长大，算是青梅竹马。

街坊邻居都说我们很有夫妻相。尤其是桑奶奶，她特别喜欢我和方若晨，还送我们一人一个她亲手缝的荷包，要我们挂在胸前，如果有一天真能走到一起，就打开这个荷包。彼时我们都很好奇，很想一探究竟，但是因为答应了桑奶奶，所以谁也没有打开，至少我没有打开。我的荷包后来在我去法国之前就遗失了，那时想既然已与方若晨不会有什么结果，留着也无任何意义。

方若晨从小性格就很像女孩子，害羞，不爱说话，每每院里的小伙伴在一起玩的时候，方若晨会将手指含在嘴里，看着我们疯闹，不时傻乎乎地笑笑。我的性格与他相反，偏向男孩子性格，特野蛮，浑身上下也特别脏。

我很喜欢帮院子里的小伙伴们打抱不平。每每小伙伴们在胡同里被别的院子里的孩子们欺负了，我就会像大姐大似的，偷了母亲的擀面杖，带着院里的小伙伴找他们群挑。论年龄，方若晨比我大一岁，应当算是我的哥哥，可是他从小就特别怕打架，每每都躲在后面。记得有一次我没打过隔壁四合院已经上小学的小胖，我被他打在地上，额头撞得青一块紫一块，方若晨吓得号啕大哭，屁滚尿流地回去告诉我爸，后来是爸爸及时赶到才吓得小胖停手。爸爸带我去门诊包扎的时候，对我说，以后不要再打架了，更不要再带着方若晨了，刚才若晨妈过来说这孩子都吓得尿裤子了。

包扎完回家的路上，老远看见方若晨站在四合院门口望着我们。他看到我打着绷带回来，抱着我就哭：是我笨，我要是能打过小胖，你就不会挨欺负啦。

我说，没事，倒是你，听我爸说你尿裤裆了，你真够可以的。

方若晨不好意思地说，还不是担心你嘛。

我有些害羞地说，那以后你可要像个男子汉，好好保护我啊。

方若晨说，放心吧。我这辈子都会好好保护你的，寸步不离。

03

这辈子都会好好保护你的。

或许你早已忘记了少年时对我许下的诺言。

我却一直铭记在心，当做一个满怀期待的梦。

可是这样一个美好的梦，却在我上飞机的时候，你一个短信就轻而易举揉碎了。

这个世界，被爱的人总是一遍又一遍残忍地践踏爱你的人为你编织的绿茵。

我去法国之后，家里在海淀买了楼房，之前住的四合院房子随之卖掉了。方若晨一家依旧住在那儿。回来前，妈妈跟我讲，方若晨说四合院里的街坊邻居们都很想我，嘱咐我回来一定要回去见见他们，所以安排了方若晨来接机。

方若晨缓缓地开着车，看着后视镜中的我说，你妈之前有给我打过电话，说你回来很想见桑奶奶，桑奶奶很喜欢咱们俩，就让我接你去看看她老人家。

秋天的北京，清爽，风吹得人虽有些冷，却又精神百倍。我看到一

对情侣沿着街道，牵着手有说有笑地走过，他们突然让我看到了高中时候的我与方若晨。

从幼儿园到小学，再到初中，我和方若晨好得就如拜把子兄弟。

我那时候大抵在学校也很有号召力，每每当方若晨遭到别人欺负，都会找我出马解决。那时候的一切都那么美好，那时候的一切都是那么顺理成章。

可这一切却在上高中之后彻底改变了。

最后一次和方若晨并肩走在一起是高三开学。我们静默地走在马路上，彼时我笑着说，为什么以前我们一起手牵手走在这条街道的时候有说有笑，而现在却话愈来愈少呢？

方若晨娓娓说道，或许这些年我们之间的感情更像亲情，而绝非爱情。

我惊恐地看着方若晨，我怕方若晨说，每一句，每一字，都足以让我绝望。

可他终究还是说了。

他说，他爱上了一个女孩，他说每次看到那个女孩练习跆拳道崴了脚，他就会很心疼。

他说，即使没有自己也不能没有她。

我静默了三秒钟，内心波澜翻滚，外表却很平静地告诉方若晨，那不如没有我。

因为在我的世界里，即使没有我也不可以没有你。

04

当方若晨把车停下的时候，我很惊诧。而当我看到那坐落满秋叶的坟墓时，我跪在地上，歇斯底里地哭起来。

方若晨从大衣兜里拿出一只银镯子，戴在我的左手。镯子上刻的是一朵含苞待放的莲花，很美，很质朴。方若晨告诉我：这是一只祖传手镯，桑奶奶原本打算在你结婚时送给你，可是却不再有机会了。她让我把她的爱情故事讲给你听。

桑奶奶的丈夫是名军人，结婚没多久就在抗美援朝的战争中去世了。桑奶奶的丈夫生前给她写的最后一封信上说：这场战争不知何时能了，或许我无法再与你见面了。如果有一天我牺牲了，别为我的离去感到伤悲。就把我写过的日记，每一篇都撕下来缝到锦囊里，然后再把所有锦囊缝在枕头里。这样你就会在每天夜里枕着它睡觉的时候，听到有人说，我想你了。

听完后，我又控制不住地哭了出来，可我又为桑奶奶一辈子能有这样一个爱她的人而欣慰。他无论生或死，都爱着她，关心着她，所以桑奶奶是幸福的人。

此时，我看到方若晨拿出了两个锦囊，是桑奶奶当年送给我们的。方若晨说，这些年来，我的锦囊一直完好细心地保存着，而你的，是我在你妈妈那里取到的。你妈妈是无意间在垃圾桶里捡到的，一起扔掉的

还有我送你的笔记本。你妈妈看过笔记本，上面一整本写着……我的名字。

我的脸腾地红了。我想起来了，那整个本子每页都是我离开北京要去法国那几天写的“若晨，我很爱你，我为你付出了那么多，你到底知不知道”。

“我知道，我什么都知道”，这是后来方若晨对我说的话。其实他对我的爱一直如初，只是这份由亲情转变的爱情，让方若晨没有准备，让方若晨不知道如何面对从小就一直当做“哥们儿”的我。所以在那个跆拳道女孩映入方若晨视野时，他只是做出迷茫后的一个错误选择。

我与方若晨打开了当年桑奶奶送给我们的荷包，每个荷包里都放了一张用毛笔写下红字的方纸。我的写的是“执子之手”，而方若晨的写的是“与子偕老”。

方若晨从汽车的后备厢拿出了一个枕头。枕头里全是荷包，他学桑奶奶丈夫说的那样，每个荷包里面装的都是我曾经丢弃的笔记本，每一页都写着“若晨，我很爱你，我为你付出了那么多，你到底知不知道”。

方若晨说，这些年他一直在时光里枕着我的声音。

我说，我又何尝不是呢?

爱情是一种很玄的东西，它是一杯清澈的绿茶，苦涩中透着一丝甘甜！爱情中的人，多多少少都会有些刻骨铭心的记忆，而这些记忆也不一定都是快乐的，有时候只是不愿去触及一些心痛的往事，如果无法用快乐去掩盖心痛，只能选择遗忘，将快乐也一并遗忘掉。但是不论如何，在时光里的那些呢喃，让人始终不能忘怀。

松鼠好像又恋爱了

一个冷冰冰的总是拒人于千里之外的美人是不受欢迎的，亲和力胜过一切的美貌！具有亲和力的女生在与人谈话时总是用友善的口吻，脸上也总是保持着微笑，这样能有效消除人与人之间的隔膜，拉近彼此间的距离。

自卑

长得好看的女孩大抵都有些自卑，没人能说得出为什么，就像超市购物架上排列得整齐的东西，往往不如堆在花车里的东西热卖。

千树第一次出现在校园里的时候，操场上打篮球的男生都把目光转向了她，她就像是一阵龙卷风，席卷了整个校园，却也很快消失得无影无踪。

所有人都在讨论这位新转学来的女孩，包括千树的同桌——松鼠。松鼠是个很爱笑的女生，长得不算好看，但她就是有种奇怪的魔力，让人想要亲近。

松鼠趴在桌子上，悄悄问千树：“你一定谈过很多次恋爱吧？好羡慕你。”

“也不见得。”千树嘀咕了一声，随后埋头整理笔记。然后她看到了笔记本扉页上画了一颗毛茸茸的心，大红色的，甚是可爱。但下面还有一行字：我就这一颗心，给了你就没有了。

千树的心还在，她没有给过谁，说出来可能没人会相信，她到现在还没真正地谈过一次恋爱。一开始就说了，长得好看的女生都很容易自卑，千树也不例外。

她总觉得自己是运气太差，要不然为什么喜欢的男生都拒绝自己呢？

单车

这几天千树发现，松鼠好像又恋爱了。别看松鼠不好看，但她的男朋友个个都是帅哥，而且对她特别好。千树有时候都忍不住羡慕，怎么没有人大半夜的来宿舍给她送夜宵呢！

松鼠把夜宵放在桌子上，叫千树一起来分享。

“尼克其实人挺好的。”松鼠啃着鸭掌说。

“对呀，他好贴心，大半夜给你送吃的。”千树回应道。

“他其实是送给你的，但不好意思，所以让我交给你，嘿嘿。”松鼠笑着说，脸上露出一副小得意的表情……

“嗯？我跟他不熟吧！”

“不熟有什么关系，谁不是这么过来的，你可以试着接触下，他人真的不错。”松鼠说得蛮在理，好像从陌生人到恋人也就那么回事。

然后，千树被松鼠拉着开始同尼克约会。说是约会，其实不过就是一起吃吃喝喝，然后绕着学校外面的湖骑车绕圈。

千树踩着单车往前冲。尼克在后面追着，夕阳的光打在他们身上，把两个人的影子拉得很长，有那么一部分竟重叠在了一起。

梦 境

每周四没有晚自习，他们就相约一起骑单车。

尼克和松鼠自然是会陪她一起的。他们绕着湖骑，时快时慢，三个人变换着速度，追逐着彼此。

湖的尽头处有一大片草坪，夏天的时候会有很多萤火虫。千树说："要是把它们都装在玻璃罐子里，会不会变成一盏像星星一样的灯？"

"喏，还是不要吧。"松鼠嘟着嘴说。

"有机会可以试一试咯。"尼克忽然开口。

他们三个人躺在湖边的草坪上，头顶是漫天的星空，不远处有萤火虫飞舞，像是跌落在草坪里的一个梦境。

或许是那一晚的星空太美了，又或许是这晚风太温柔，总之，千树不小心就睡着了。她做了一个很短暂的梦，梦里她站在空无一人的街上，看着少年背她而去，没有回头。

醒来之后发现尼克和松鼠都不见了，头顶的星空还是那么璀璨，她发现自己的眼角有些湿润。

她推着单车一个人回学校，千树记得那年她十岁，暑假的时候去外婆家，然后见到了那个少年，他们共度了两个月，他临走的时候告诉千树："明年一定要等我哦！"

可是以后的每一年，千树都没有再看见他。

傻 事

半夜千树的手机响了。

尼克发来短信：快到阳台上来。

千树来到阳台，然后她惊呆了。她的宿舍在二楼，就在阳台外面，尼克举着一根长竹竿，棍子顶端套着一个玻璃罐子，里面是发着光的萤火虫。原来他和松鼠是去捉萤火虫了。

那一刻，千树感动得都快哭了。

尼克在下面晃动着竹竿，好让罐子可以动起来，却不小心一屁股坐到了地上，罐子也被摔碎了，萤火虫飞走了。

她忽然就难过起来，她给他发了条信息：以后别再做傻事了。

怪 人

男生也分好多种，有的是死缠烂打型，有的则是知难而退型。比如尼克，他就属于后者，那晚，本以为会打动千树，却没想到收到那样一条短信。

年轻的时候，谁没有在恋爱里做过一些傻事？

他觉得那根本就不算傻，他甚至可以为了千树去死。但是你爱的那个人，她怎么会知道？

千树问松鼠：“尼克怎么突然不来找我们了？”

“你把人家伤了，还问我为什么？”松鼠为尼克打抱不平。

她闭上眼睛想了想，那个男生的样子都模糊了。毕竟是好几年前的记忆了，她能够想起来的不过是一些残缺片段，她甚至都不知道男生的真名，只记得大家都叫他毛球。

你相信一个十二岁的女生懂得爱吗？这个答案见仁见智。但千树可以肯定的是，那年，她享受那种有一点点暧昧的关系，他会以一副命令的口吻对她说：“站住，别动！”然后，掀起她的裙子，跑开。其实，他连看一眼的勇气也没有。

千树一直不愿意谈恋爱。她拒绝了所有追求她的男生，因为他们都对她太好，好到让她觉得他们都不是真心喜欢她，只是想对她好而已。她害怕短暂和离别。

千树就是这么一个怪人。

真 心

后来，尼克毕业了，但他还是经常回学校。因为他跟松鼠在一起了。

松鼠是个闹腾的人，常常跟尼克像两个孩子一般。

千树有时候觉得这样挺好的，跟着他们一起，就很开心。他们总是有那么多说不完的笑话。

但她也相信，这个世上，总有一个人是跟自己在同一频率的，他或许还离你很远很远，但他是朝着你的方向在前进，所以总会有相遇的那天。

怀着这样的想法，她也就不会觉得有那么孤单了。

十八岁的夏天，千树想明白了一些事，比如，她有点儿怀念尼克曾经为她做过的一切，那些如星空一般的美好，同梦境一样逝去了。现在的她告诉自己：“人这一生总是不停地错过，所以我不怪你。”

她只是在想，如果下一个尼克出现了，她会很乐意交出她的那颗心。

我感谢缘分，造就了这一场相遇。别人只看得见莲开的美艳，而你却看见美艳背后的莲的心事，拨动了我尘封已久的心扉，所以我也感谢你，给了我你的世界，宁舍天下以得美人心。然我不要这世间的繁华，你就是我的天下。此生有你，世间再无他。

渴望爱情的小兽

某一天你我暮年，静坐庭前，赏花落，笑谈浮生流年。今夕隔世百年一眼，相携而过，才知姹紫嫣红早已看遍。心微动奈何情已远。物也非，人也非，情也非，事事非，往日不可追。

第一次见到唐小糖，她坐在甜品店吃一份草莓甜品，小小的勺子，小小的口，似乎感应到我在看她，她抬头，嫣然一笑。

怦然心动？一见钟情？哦，都不足以形容我那时的心情，我只知道，为了她一笑，我甘愿做任何事情。

和她在一起的日子，果真如糖一般甜。她喜欢一切甜品，“包括爱情，”她说，“爱情是世界上最甜蜜的甜品。”

她永不疲倦，永远都会有浪漫的美好想法。

她会搭地铁走十几站，排几个小时队，只为买一份我爱吃的小笼包；也会半夜把我拖起来，两个人开车跑到郊外看满天的繁星；在下雨天，非要打着透明的雨伞，要我陪她慢慢走过一条又一条街道……

她不像其他的都市女郎，她不爱名牌、不喜奢华，物质对她来说根本如同过眼烟云，她唯一要的，就是爱情。

可是渐渐地，我开始有些疲倦。当加班后的深夜，我拖着疲惫的身体，和她在广场上看音乐喷泉的时候，我宁愿她拿我的卡去刷 LV，去刷香奈儿，刷卡地亚……只要不再冒出一个又一个浪漫的折腾人的想法。

我想起《失恋 33 天》里，钻石男面对黄小仙为什么要“物质女”的疑问，回答的话：“省事”，我们要找的老婆，是这样的姑娘，当爱情不在的时候，可以靠其他的东西来维系。

对于物质女来说，LV 是生活必需品，爱情是奢侈品；可对于唐小糖来说，爱情是必需品，其他的都不重要。

钻石男还对黄小仙说，如果回到年轻的时候，我愿意和你这样的姑娘，谈一场这样的恋爱。

是的，是的，如果我再年轻几岁……可是，现在，或许我是真的老了。

从初出校门的愣头青，到现在年薪过百万的副总，早已没有折腾的力气了。

唐小糖或许感受到了什么，渐渐开始憔悴，有一天，我回家很晚，看到她穿着白色的睡衣坐在窗台上，任夜风吹起她长长的头发和衣袂，飘然若仙。

我叹了一口气，走过去抱起她，她脸色苍白，身体冰凉，在我的怀里蜷缩着，像一只小小的兽。

那天晚上，她问我，你不爱我了是不是？我不知道该怎么回答。我已经不知道自己到底爱不爱她了。爱情，或许就是从开始的怦然心动到最后的尘埃落定，她这样苦苦纠缠于爱与不爱，我真的觉得很累，也很厌倦。

我知道，你不爱我了，因为，我越来越没有食物了。她忧伤地说了一句，转身睡去。我没有听明白她的话，不过，看她消停了，松了一口气，也沉沉睡去。

半夜里，我恍恍惚惚地醒来，一摸身边没有唐小糖，却看到窗台上蹲着一只小小的动物，是我从来也没有见过的动物，雪白的皮毛，有点像猫，又有点像狐狸，眼睛清澈如水，像含着泪水，望着我像会说话一样。我吓了一跳，也看着它，这样过了两分钟，它忽然向窗外跳去，转眼就不见了踪影。

我喊小糖，没有听到回答，起身寻找，也没看到，我很奇怪，不知道她大半夜地去了哪里。从那以后，竟然再也没有见过她。我也试图寻找过她，不过并没有结果。

过了两年，我结婚了，很美丽的女子，很配得上我这样的身份，温婉可人，不会纠缠爱与不爱，只要我的卡任她刷就行。

有一天，我在车窗外恍惚看到唐小糖了，一样的笑靥如花，一样的清丽眼神，依偎在一个年少男孩的身边，男孩子看她的眼神充满爱意。

忽然我就想起了，在窗台上看到的那只不知名的小兽，它的眼睛，跟唐小糖一模一样！

一个能影响你心情的人，肯定是你最在乎的人；一份能左右你悲喜的情，肯定是你最看重的情。真心，常离伤心最近，所以避免不了会有伤痕；心疼，伴随着情深出现；所以难免会有泪湿双眼。它让你哭，让你笑，让你情不自禁，让你心灵憔悴，让你甘愿沉沦——这就是爱情。

月夜微凉情犹在

你路过我的野蛮与惊慌，做作与荒唐，你是那些丑陋岁月的容纳箱，你于我已经不是一段简单的情感，你是我含在嘴里的一颗糖，落进眼里没法揉的一粒沙，你蹑足而至的温柔是我最初的仪式和最后的爱情。

——在这个世界上，凡是秘密，大多都跟爱情有关。

ONE

可可有个秘密，母亲会在这个月跟父亲离婚。

可可是在两个星期前偶然翻看了母亲放在抽屉里的日记本才知道的，上面写道：我要离开他，我受够了。

那天她轻轻放回日记本，转身却发现母亲正倚在门口捂着嘴哭。可可没闹，反而平静地上前抱住母亲，像长辈一样安抚道：没关系，没关系的，妈妈，别怕。今晚，她决定把这个秘密告诉邱顾。

TWO

邱顾是个留着长头发和络腮胡子的咖啡店老板，散漫却不邋遢，自称大叔，可如果没有浓密胡须的伪装，也就是个消瘦白净、幽默又温良的大哥哥。可可一直想知道，为何邱顾要“伪装”自己，但这是他的秘密。

“秘密只能用秘密来交换。”邱顾说话时始终保持着真诚的微笑。可可跟他的第一次相遇，也是因为交换。那是一个倾盆大雨的傍晚，可可心情很糟，白天被班主任骂了一顿，放学后又赶上大雨，原本答应来接自己的父亲临时放鸽子，她被迫躲在了一家咖啡馆门外。她本没想过进去，无意看到门外挂着一个小木牌，上面写着“一本好书换一杯咖啡”。

几分钟后，正坐在吧台听爵士乐的邱顾便看到一个浑身湿透的初中女生，手拿一本语文课本大喊道：“老板，给我换一杯。”

“这个不行。”

“为什么不行，教科书不是书吗？”

邱顾叹口气，妥协了，可可的无理取闹轻松获胜。五分钟后，她等来一杯卡布奇诺、一条干毛巾和一个电吹风，教科书却并没被收走。

后来可可便带着书常来这家咖啡馆了，邱顾每次收到书的表情都不一样，蹙眉，惊喜。

某一天，可可发现自己不再满足于这种暧昧了。她想要了解他，有关他更多的事。有着怎样的过去，过着怎样的现在，又憧憬怎样的未来，对自己又是什么感觉。最终当她的问题问到他的大胡子时，他聪明地避开了。

“秘密。”“我下次拿书跟你交换。”“不，秘密只能拿秘密换。”

THREE

“你恨她吗？”邱顾在听完可可的秘密后问。

“不恨，为什么要恨啊？对于一个女人来说，没有爱情是会死的，我不要妈妈死。”可可稚气的声音透着耐人寻味的深刻。

那晚，按照约定邱顾告诉了她自己留胡子的原因，说来可笑，他不过是想让自己看上去成熟点。几年前，邱顾刚经营这家咖啡馆时。尽管毕业于名牌大学，学了一手好手艺，咖啡馆装潢得漂亮高档，但生意依然惨淡，他找不出原因。

就在他想要放弃时，她悄然出现了。每次都是下雨天，点上一杯苦咖啡，手捧本书，安静地阅读，后来，他便开始找机会陪她聊天。幸运的是，彼此聊天倒是非常愉快。她还帮他的咖啡馆出谋划策，告诉她如何经营，包括可以用小说换咖啡，放爵士乐这些。

那时他们一个星期要见两三次，相爱是那么水到渠成。某天他终于压抑不住自己的感情对她告白了，可结果却出乎他的意料。她坚定地拒绝了，“我不喜欢比我小的男人，没安全感”。

“后来我开始留胡子，希望自己看上去成熟点，是不是很可笑？可惜她再没有出现过，如今咖啡店的生意越来越好，我却渐渐怀疑起自己的人生，我不知道还能撑多久，很多次，我都想把这家店卖了一走了之。”

可可非常痛心。

果然在这个世界上，凡是秘密，大多都跟爱情有关。

她笑着安慰他：“其实安全感真的跟年龄没关系。就像我爸，他给了我和我妈富足的物质，却从没给过我们安全感。每次不开心时我都会来找你，想跟你说话，因为你能让我安心，这说明，你是个有安全感的人。所以不要难过，她或许有自己的苦衷。”邱顾愣了一下，他突然发现自己真的小瞧了眼前的女孩。她倔强、叛逆、任性却又那么懂事。

“谢谢。”他绅士地给了可可一个拥抱。

FOUR

可可走出咖啡厅后便开始哭，一路跑一路哭。她失恋了，还没开始便已结束。她为自己的大度和洒脱感到骄傲，尽管这些牺牲和委屈都只发生在她内心，却依然轰轰烈烈。

凌晨回到家，父亲没睡，压抑的怒火在见到门外的女儿后爆发了：“小小年纪就成天在外面鬼混，你以后干脆不要回家了！”

“真稀罕了，你也会担心我？”可可冷笑。

“你说什么？再说一遍！”父亲吼道。

“我有说错吗？你眼中只有你的事业。”

“我这样做也是为了这个家。”

“少在这里假惺惺的，什么家啊，早没了！实话告诉你吧！迟早有一天，我跟妈都会离开你！你就抱着你的钱孤独终老吧！”可可大声吼道，母亲吓得脸色惨白，父亲怒不可遏地扇了她一耳光，可可仰起脸，还要顶撞，只见父亲突然面如死灰地捂住胸口，轰然一声倒在地上。

可可整个人蒙了。邱顾赶到时，母女俩已经抱着生命垂危的父亲在马路上哭成了泪人儿。邱顾摇下车窗后只愣了一秒，便大喊“上车”。

那晚过得兵荒马乱，一切像是场恍惚而艰辛的噩梦。医生说得尽量委婉，母亲却异常镇定，单刀直入地问：“还有救吗？”

“如果今后积极配合化疗和手术，也不是完全没希望。”

那晚可可握着母亲的手，坐在重症监护室外面走廊的座椅上一言不发。

“我怕，我好怕……”她终于还是哭了。

忘记什么时候她渐渐睡着了，醒来时已经天亮。父亲在上午九点才醒来，邱顾离开了。母女俩守在病床边紧握着父亲的手。

“妈妈不和爸爸离婚了。”

“为什么？”

“不为什么。”母亲声音平静，眼泪却毫无防备地滴落在可可的脖颈上，“以前我一直以为自己还有选择，可其实我错了，在我嫁给你爸并生下你后，我就已经做过选择了。”

“我爱你。”她深沉而忧伤地亲吻了下可可的后脑勺，不再说话。可可想开口，却如鲠在喉，她终于领悟，原来很多时候，没有爱情并不会死，反而是坚强活下去的理由。

FIVE

父亲第二次手术很成功，医生告诉她们，病人活下来的机会又大了些，这也跟病人自己强烈的求生意志有关。

一个月后，可可终于有时间去邱顾的咖啡店，却发现店已经转让了，换成了一家银器店。她不死心地问老板：“他走之前留下了什么吗？比如联系方式之类的。”

“没有，倒是有一个小盒子。说是会有人来取。”

可可打开盒子是在回家后，她躲在房间里，灯都不敢开。借着窗外微弱的月光，她还是看得很清楚，全是些胶卷机拍下的照片，复古而泛黄的色泽上，满满都是他喜欢的她的照片，微笑、蹙眉、发呆、忧伤……

而那个女人，是可可的母亲。

可可放下照片，起身后安静地拉开了窗帘。夜色早已熟透，世界正缓缓入眠。她突然就想起了母亲的话——当我以为自己还有选择时，其实我早已经做过了选择。那一刻，月光微凉，洒满她宁静的脸。

在我们的生命之中，除了爱情，我们还有很多东西，比如说责任、自我。我们不能因为爱情丢了它们，因为那样，就会以爱之名行伤害自身之事。我们不能因为爱情，而没有了其他的快乐，因为那样，痛苦将如没有山峰阻拦的寒流侵袭直下。爱情，只是我们生命中的一分子。

但愿你的世界都好

不管以后相隔多远，我都会记得你，记得我们当初在一起的所有美好时光。无论时间有多长，我也会对你说我爱你，一起回忆当初的青山薄愁、鲜衣怒马。

真是人善被猪欺

我打开瘪瘪的钱包时，有种想哭的冲动，而这时，张小年还不知死活地凑上来，“陶小淘，放学去吃油炸虾丸吧。”

我斜着眼睛狠狠地瞪他，自从上周这家伙的钱包在公交车上被人偷了之后，就开始死皮赖脸地跟着我蹭饭吃，我咬牙切齿道：“张小年，你去死吧，我已经被你剥削得身无分文了。”

我闭口不再理他，张小年这厮是三个月前转过来的，据说当时在我们学校造成了不小的轰动，因为这厮长了一张跟漫画里美少年有一拼的脸。有女生曾眼冒红心地说，张小年就像一个天使，风吹过时，背后会呼啦啦地长出白色的翅膀。

我当时就酸得不行，这人估计是一文学女青年，天使？白翅膀？还沉浸在童话里不可自拔吧。我看张小年那厮整个一魔鬼。

那么多漂亮 MM 争先恐后地想请他吃东西，为什么他偏偏挑上我这个对请他吃饭没一点进取心的善良小老百姓？真是人善被猪欺。

我好喜欢他呢

后来，张小年这厮实在从我钱包里翻不出钱了，就雄赳赳气昂昂地说，为了补偿你这段时间的损失，走，我请你吃大餐。当张小年把我带到市里最好的西餐厅门口时，我使劲掐着张小年的胳膊，你别吃完饭就把我扔这里做抵押。

张小年转身上下打量我，笑得一脸鄙视。我防备地盯着他，反正我不去，你肯定会坑我。张小年回头看了我半天，特认真地问，你不去吗？你真的确定你不去吗？

我大义凛然地点了点头，张小年叹了口气，唉，陶小淘，你肯定会后悔的。

他拉着我走到旁边银行的取款机前，然后，我就睁圆了眼趴屏幕上仔细看，恨不得把屏幕看个洞出来。

张小年，你老实招了吧，你是不是偷你爸妈的卡！

喊，你就那点出息了。

那你到底哪里来的钱？

张小年突然沉默，挂上 MP3 的耳塞不再理我。我闭嘴便不再吭声，

随着他慢慢地走在回家的路上。

看着他耳边银白色的耳塞，我低下头开始讲，怎么会有林飞扬那样纯白干净的男孩啊，我好喜欢他呢。

就当是你同意了

第二天，我听到张小年在楼下撕心裂肺地喊着我的名字时，恨不得拿拖鞋砸死他。

他边咬面包边说，喂，我下午有篮球比赛。

对手是学长林飞扬。嗯，张小年，我们这么铁的哥们儿，我去给林飞扬加油，你肯定不会怪我，哈哈。我边咬面包边说。转头看他挂着银白色耳塞的侧脸，嘿嘿，就当是你同意了。

那就送三个面包吧

那场比赛，以一球之差，张小年输给了林飞扬，我站在球场上替林飞扬欢呼时，看到张小年迅速退场。那天放学，张小年没有等我。走到胡同口时，看到张小年站在那里，那一刻，我竟然真以为，张小年是一个带着忧伤降落在人间的天使。

张小年转过头看我，说，喂，陶小淘，你怎么现在才回来！跟乌龟似的。

陶小淘，这周是我的生日啊。

啊？

你要送什么礼物给我？

我们这么铁的关系还需要送礼物吗？！哈哈。我傻笑道。

嘁。张小年一脸鄙视地看着我。

那就送三个面包吧。

你的世界但愿都好

林飞扬出现在我们班门口叫我名字时，我呆住了，他俯下头，你就是广播站站长陶小淘吗？

我点了点头。然后他递了一张字条给我。

我接过那张白色的字条，看到上面刚劲的字，写着一个女孩的名字，一个歌名。还有一句话：不管以后相隔多远，我都会记得你，记得我们当初在一起的所有美好时光。

那天放学，张小年格外沉默，我想到林飞扬学长要毕业的事情，也就觉得闷闷的。

转头看张小年，依旧挂着银白色的耳塞听歌，我又开始对着他说话，张小年，其实我挺羡慕学长喜欢的那个女孩的，她多幸运。学长就要毕业了，我觉得我好舍不得他。

我和张小年是好朋友嘛

张小年生日那天，我和他坐在KFC二楼的儿童区。他爸爸妈妈给他点生日蜡烛，周围的人都善意地给他唱生日歌，唱歌的时候我看到张小年转过身偷偷地抹眼泪。

也就是那天，我终于知道张小年的银行卡上为什么会有那么多钱了，爸爸妈妈都不在身边，在相隔遥远的城市开公司。张小年和奶奶住在一起，祖孙俩相依为命，所以，父亲才会给他一笔钱放在身边。

送我回去时，已是华灯初上。走在昏黄的街灯下，张小年又挂着耳塞听MP3。

走到家门口时，他才摘下耳塞，喂，陶小淘，我们真的，只能是好朋友吗？

他定定地看着我，我转过眼睛，点了点头。然后我看到他转身离开，身影在路灯下显得寂寞忧伤。

张小年，对不起，我伤害你了对不对？你的心意，我怎会不明了？只是，有人先驻扎进了我心里。

那，一路顺风啊

张小年生日过后，依旧淡淡地接送我上学，但是，有些事情在悄悄地变化着。我们都不再开玩笑。

很快，高考就过去了，我看到林飞扬的爸爸妈妈来接他，帮他提行李，看着都善良美好，怪不得会有林飞扬那样优秀的儿子。我在学校门口看着他，他坐上车时回头看了一眼，摆了摆手。我不知道，他那个摆手，是对我，还是对他生活了三年的高中。

期末考试完，我像一个终于停歇的钟表，舒了一口气。

和张小年一起回家时，觉得格外轻松。在快到胡同口时，张小年停在那里，摘下耳塞，淡淡地说，陶小淘，昨天，我奶奶去世了。

就像一场电影，周围的一切都消失了声音，无息无声。

陶小淘，我爸妈回来料理奶奶的后事，顺便会接我走。

嗯，那，一路顺风啊。

我会难过好多年

我没想到会这么快，第二天，我去找张小年时，门上的那把大锁让我愣在那里，心上仿佛被挖空了一片，空荡荡的。原来，有些离开，是可以这样悄无声息的，却可以蔓延到你的心底，至所有的血液和骨髓，让你缓慢地疼痛。

我漫无目的地走回家，取门口信箱里的报纸时，一封洁白的信顺着报纸边沿掉下来。我捡起。

陶小淘：

其实那天下午我只是挂上了耳塞，忘了开MP3，但是却没想到会听到你说你喜欢林飞扬。你不会注意，你说喜欢林飞扬的时候，我那微皱的眉头，可是我却还得不动声色，假装没听见。

以后的那些日子，我都是故意挂上耳塞的，我从来没有开过MP3，你看，我多坏。

我只是想知道，有一天，是否，你会对我说，张小年哎，其实我发现我好喜欢你呢。

可是，我终究没有等到那一天。如今，我们已是天涯陌路。但是，陶小淘，我会永远记得你的，因为你是我第一个喜欢的女孩。

我喜欢你，我真的喜欢你。

张小年

对的人始终会遇上，只是时间不确定，地点未知。这样等待的过程总是有这样那样的干扰，不过终究会发现，爱情不是互相依附，而是各自独立坚强后再走到一起。爱情是因为双方付出才美好，双方互相依存，彼此照顾，到最后难分难舍。

时光会将你遗忘

你是幸运的，因为你可以选择爱我或不爱我，而我只能选择爱你还是更爱你。如果你没爱过，你永远不知道，爱一个人可以怎样不留后路，破釜沉舟。

十六岁，你送我一只蓝精灵。

十七岁，你送我一张莫文蔚的 CD 和一束百合花。

十八岁，你给我了一个拥抱。对我说，蓝妹妹，好好生活。

骄傲如我，扬着眉忍着泪，假装不在乎地拍掉你放在我肩膀的手反驳，谁是你妹妹，我不是你妹妹。

直到你坐着的那班飞机离开地平面，离开这个城市，我才卸下所有的伪装，转过身哭的无法自抑。

乔之昂，你走后，我便发誓，我一定会忘记你，笑着忘记你。

于是，从那以后，我便真的很少哭。

高一下学期，我开始喜欢朝学校旁边的 C 大跑。

安歌每次看到我都会一脸贼笑，小丫头，又来选夫。

我没好气地横他一眼，上次他去学校看我，刚好看到一个男生在对我表白我拒绝。男生当时受伤地问为什么。我实在想不到理由，抓抓头对他指着旁边C大的方向，一本正经胡诌，我有喜欢的人了，那个人就在C大。

自从这事儿被安歌抓到把柄，只要我朝C大跑，他便拿这事儿揶揄我。

其实每次我都挺想暴力解决他的，但碍于站在他身边的你，我不得装出一副可爱豪迈的样子，手一挥，本姑娘来混饭吃。

你是安歌的好哥们儿，上次你和他一起去我学校找我的。但你不但不和安歌一起揶揄我，反而每次都会笑眯眯地帮我解围，蓝妹妹，你来得刚好，今天餐厅里又有你爱吃的蒜香鸡翅和酥皮汤。

C大的伙食是出了名的好，我坐在餐厅里吃得满嘴流油。安歌说，真没淑女相。

你替我辩解，毫无顾忌，大大方方，这样很可爱啊。

我立马仗势欺人狐假虎威，斜睨安歌鄙视道，听到没！你这种莽夫根本不懂美的内涵，乔之昂这种校草的审美才是大众追求的真理。

乔之昂乔之昂，没礼貌。安歌又伺机训我，是之昂哥哥。

这次你也笑眯眯地配合，是啊，蓝妹妹，管你饭这么久还没听你叫声哥哥。

我们没什么亲戚关系，乱叫哥哥很肉麻。我正经解释道。

而且！不要叫我蓝妹妹，真的好！难！听！我挥舞着手臂再次抗议。

你笑，怎么会，蓝精灵里的蓝妹妹多可爱，而且我第一次见你，戴了顶白帽子，穿着蓝外套，活脱脱的蓝妹妹。

我一点都不喜欢蓝妹妹，我鼓着嘴抱怨，爱哭鬼，爱惹是非鬼，什么事儿都拖累别人。

安歌也难得与我站同一条战线同意道，是啊，微蓝一点都不像柔弱的蓝妹妹。接着他话锋一转，你没见她在 C 中那横行霸道的样儿，吃饭有人洗碗，脏衣服有人抱走，身边天天跟着一群男男女女前呼后拥，跟一慈禧太后似的。我真怀疑她给 C 中那些小男生女生吃了迷魂药，要搁我身边我早揍丫了。

切，这是人格魅力。我高傲地冲安歌挑眉。

安歌冷哼一声，不再和我计较。你在旁看着我俩斗嘴哈哈大笑。

我偷偷地看你开怀大笑的模样，心上繁花叶茂。

乔之昂，其实不是我不喜欢学校里的男生，实在他们无法和你相较。

你的身上，有清风霁月的明朗，面容有风轻云舒的俊美，笑起来，仿佛冲破云层的阳光。

你看我开始说的那句“我有喜欢的人，那个人在 C 大”真像一个预言，一语成谶。

我一把揪住了西北风，问它要落叶的颜色。我一把揪住了东南风，问他要嫩芽的光泽。其实，东南风和西北风如果不肯配合，他是什么也要不来的。是呀，我们的亲情、友情、爱情也大抵如此。需要欣赏，更需要配合。所以，任何时候要心存感激。

爱你的心从未走远

如果不是你的誓言，它早已在红尘里飘散，为了那可悲可泣的爱情，一等就是数百年。十指紧扣，情意绵绵，却不知，相聚的时日已慢慢远去。来世，我愿做一枝桃花，只为你一人开放，驻守在你窗前，守候爱情。

梦楠姐在温哥华的郊区，鹿湖边上，买了一栋非常漂亮的大宅。她的先生常年在国内打理生意，一个人生活怪冷清的，周末便常常邀我们过去小住。

小宝喜欢梦楠阿姨的大宅，也喜欢推开门，就可见到的烟波浩渺的鹿湖。她在湖边的草地上尽情玩耍，而我和梦楠姐则常常煮上一壶咖啡，有一句没一句地聊天，聊得最多的就是这栋房子了。

这栋大宅，是一位旅居温哥华的法国著名设计师的获奖作品，他在温哥华设计了不少住宅，其中最出色的就是鹿湖边的这一栋——这是他为移居此地与他共同生活的爱妻精心设计建造的爱巢，屋里的一桌一椅，屋外的一草一木，都独具匠心，倾注了他对她所有的爱。

"你有没有见过这位设计师？"听她这么一说，我突然对设计师有了兴趣。

"没有，就连我先生当初买屋子的时候，也没见过他，所有手续都是他的律师出面办理的。他把他的妻子从法国接来温哥华之后不久，两人感情却生变，她不顾他的反对，决然离开了温哥华，回了法国。他曾追随她回法国，但无法挽回她的心。回到温哥华后，他一个人住在这栋大宅里，独自神伤，情何以堪？终于决定挂牌出售。”

我听了也觉黯然。

“听说他见了不少买家，价格方面倒并不太坚持，但有一点，他非常坚持，并且写在了合约里，只有同意这一条件的人才能购买屋子。”

“什么条件？”我的好奇心上来了，连忙问。艺术家就是艺术家，总有异于常人之处。

“五年之内，屋内的家具不能替换，因为那是他的妻子亲自挑选，两人一齐买来的。屋外的花树，也不能铲除或更换，要保持原样。因为这些花树，都是他的妻子刚来温哥华时，亲自挑选，两人共同栽下的。”

梦楠姐是好人，严格遵守当初买房的合约，“家具好办，再说他们的品位不俗，我非常喜欢，不会换掉。但院子里的这些花草，实在不容易打理和修剪，我没有绿手指，怕把这些花草弄走样了，只好请了园丁来打理，还不时给他看花园旧照，恳请他照照片上的样子打理。还好，这个园丁一点都不嫌我麻烦。”梦楠姐指了指外面院子里正在修剪花草的一个高大的西人男子，“喏，就是那个人。”

“这个园丁多久来一次？”我问梦楠姐。

“半个月来一次。他好像很喜欢这个花园，每次来都在花园里整理很久，非常用心。至于工钱，我不提，他几乎忘了有这回事。”

过了不久，我们另一个朋友雪凌也来到了温哥华，她也很喜欢梦楠姐的这栋大宅，常来玩，还央求梦楠姐干脆把房子卖给她，梦楠姐当然不肯。

有一天，我忽然想到了一个主意，建议雪凌也别打梦楠姐这栋房子的主意了，不如去找找这个设计师设计的其他房子，然后买下来，一定错不了。两个人一听，都觉得是个好主意。

我请梦楠姐拿出房产证，然后打开电脑，把设计师的名字键入一个搜索平台。果然是个知名设计师，网上有一大堆他个人和他所设计的房屋的资料。不忙看房子，我们先把他的个人主页点击开来。

当他的照片出现在电脑屏幕上时，我和梦楠姐都惊呆了，这个设计师不是别人，正是在花园里打理花草的那个“园丁”！

这个“园丁”，人早已搬离了鹿湖，心却从未远离。

经常听人说：“我会等她一生一世。”我佩服这样的人，这种承诺并不是随口说说那么简单的，它需要时间的考验与磨练，这是拿青春，拿时间做赌注，人生不过百年，赌注是在大了点，真正能做到这样痴情不仅需要坚强的意志，还需要一颗包容的心。

梅花鹿一样的女孩

和你在一起真的很幸福！小鸟有妈妈的陪伴感觉很安全，鼠宝宝们喜欢依偎在一起，小熊在大熊的陪伴下会睡得格外香甜，能够给别人带去爱和安全感是件很幸福的事情。

01

莫莉莉 17 岁的时候，她认为这世界上没有一个人爱自己。

莫老爸是技术员，老实木讷不善言辞。他和莫莉莉说的话一整天加起来也不超过三句，“吃饭了。”“写作业去吧。”“早点睡。”

莫老妈是护士，脾气急躁神情淡漠，除了工作，其他方面都很差劲。她抠门，不会烧好吃的菜，不会布置房间；她喜欢唠唠叨叨却很少和莫莉莉说贴心话；她急了还会骂莫莉莉，甚至抓起衣架朝她扔过来。

莫莉莉不漂亮，皮肤微黑，一头短发，还戴着牙套。她有几个朋友，可朋友们都比她光鲜亮丽成绩也更好。

尽管现状令人沮丧，莫莉莉的身体却在飞快发育。这个冬天，旧棉衣全都穿不下了，莫老妈在她的央求下给她买了一件新棉衣。新棉衣颜色土气，过分肥大，勉强暖和地罩住了她的身体。

因为只有这一件棉衣，她不敢轻易脱下来洗，脏了就用湿毛巾擦擦，再脏了再擦擦。后来，实在擦不干净了，她就在晚自习回来后，把它洗干净脱水晾在窗户旁。第二天，棉衣依然潮潮的，她咬牙穿上。路上气温低，棉衣结了一层薄冰。教室里气温高，薄冰融化了，冒出袅袅热气。同学惊呼起来："莫莉莉，你怎么在冒烟！"有人伸手摸摸她的棉衣："天哪，还是湿的！你疯了吗？"

坐在莫莉莉后排的男生叫顾小帅。他脱下身上的羽绒服，用一种不容拒绝的霸气口吻，说："穿我的吧！把你的湿棉衣脱下来，我帮你拿去锅炉房烘干！"她就真的脱下来，递给他，然后穿上他的羽绒服。他的羽绒服真暖和呀，还带着他淡淡的体温。

这是莫莉莉人生中，第一次，明确无误地，被一个男生关怀。她此刻的心情，羞涩，感动，暖融融的，还荡漾着一丝丝骄傲。

莫莉莉喜欢收集碎布头做小手工，她正在缝一个小熊笔袋。作为答谢，笔袋缝好以后，她把它送给了顾小帅。

顾小帅捧着笔袋很是惊喜："这是你自己做的吗？好特别啊。"

莫莉莉从小到大，很少听到赞美，她美美地咀嚼了一整天。

一来二往，莫莉莉和顾小帅渐渐熟悉起来。她知道了他的星座是白羊座，最喜欢的食物是蛋糕，理想是做动物饲养员。她也告诉他，她最向往的就是去远方。

初夏，清晨，顾小帅翻进学校花园，偷摘了一朵玫瑰花。他将玫瑰花放在莫莉莉的课桌里，还压了一张纸条："莫莉莉，你是一个特别的女孩，你的眼睛，就像梅花鹿那么漂亮，你知道吗？”

莫莉莉悄悄扭头去看顾小帅，他用英语书挡住脸，一双眼睛展露在书的上方，澄澈明亮。阳光暖洋洋地洒进来，他的白衬衣，笼罩着一片金色光辉。她的心里，像有湿漉漉的小蘑菇，“骨碌”一下，从泥土里钻了出来。

自习课上，他们传纸条；数学考试时，他给她递答案；放学后，他送她回家；晚自习的课间，他们会到操场散步，走到梧桐树的阴影里偶尔也会拉拉手。青春里最初的爱情就这样开场了。

02

又一个冬天来临，他们小小的恋情被捅到班主任那里去了。班主任知道了，父母也就知道了。

顾老妈心急如焚，她向班主任问清莫老妈的单位后，径直去医院找到她，偕同她杀向学校。

班主任将顾小帅和莫莉莉召唤到办公室，他很沉痛：“顾小帅呀顾小帅，你这是自毁前途呀。”

顾老妈很愤怒：“莫莉莉，顾小帅的理想是考名牌大学！你不能拖他的后腿阻碍他进步！”

莫老妈很尴尬，她推过莫莉莉，命令她：“快给顾阿姨道歉！”

莫莉莉满脸涨红，她梗着脖子，倔犟地说：“我不道歉！我喜欢顾小帅，我有什么错！”

顾老妈恼羞成怒，抓住顾小帅的手，说：“儿子！妈妈问你一句，妈妈和这个女生，你选谁？”

母亲的这番话，在尚未成熟的少年心里，异常悲痛，意义重大。他喜欢莫莉莉，可他更爱母亲，他害怕失去母亲。他垂下头，艰难地说：“莫莉莉，对……不……起。”莫莉莉傻傻地望着他，然后转身跑了出去。

黄昏时刻，云层低低，大雪将至。莫莉莉跑出学校，一个人在街上漫无目的地走。天色黑透的时候，她在中心广场的喷泉池边坐了下来。她又冷又饿，她伤心难过，她瑟瑟发抖。

前边有一家奶茶店，她想喝一杯热腾腾的奶茶，可身上只有五毛钱。正想着，一杯奶茶端到她面前。“给你。”

是一直跟着她的莫老妈。

莫老妈在她身边坐下，又拉过她的一只手，捂在自己的怀里，问：“你为什么喜欢他？”

莫莉莉就说了那件温暖羽绒服的事。同时，她身上穿的，还是去年那件棉衣。莫老妈这次没有骂她，只是叹口气，拉起她走进一家服装店，一反常态地利落大方，为她买了两件羽绒服，一件黄色，一件淡紫色。

莫老妈对她说：“你可能会难过一阵子，但是不要怪任何人，要怪，只能怪你自己不争气。”

是的，只怪自己不争气。如果她的成绩也像顾小帅那么好，就没有人说她拖他的后腿毁他的前程了。

她决定为自己争气。她每天背 n 个单词，做 n 张试卷，抄 n 道错题。

她将自己埋在高高的习题集后面，皱着眉头流着汗水咬紧牙关。她的成绩一路飙升。

03

六月高考。最后一门考完，顾小帅等在校门口，看到莫莉莉出来，他迎上去，说："莫莉莉，我……"这是冬天那个大雪将至的黄昏后，他和她说的第一句话。

莫莉莉淡淡地看了他一眼，说："我不想听你说话，也不想和你说话。"说着，她从他旁边走了过去。

高考结果下来，顾小帅果然考上了北方的名校。而莫莉莉考上的学校在西南，这是她刻意的选择，她想远离老爸老妈，远离家乡，远离那些寒冷的冬天，和冬天里那些带给她伤心的人和事。

令莫莉莉没有想到的是，西南的冬天也很冷，是那种雾气蒙蒙湿漉漉的阴冷。她穿上羽绒服，戴上帽子，裹上围巾，但仍然冻得手脚冰凉，走在路上，她的胸口都冷得一阵阵发痛。她情不自禁地，强烈渴望着温暖，渴望那年冬天顾小帅的羽绒服里的那种温暖。

次年春暖花开，莫莉莉的胸口不再发痛了。冬天再次来临，她的胸口又开始隐隐作痛。当她和心理系的师姐说起时，师姐说："你这是一种强迫症。"

既然是病，就有病因。她想，也许，她应该听一听顾小帅想对她说的话究竟是什么。

大二的寒假，莫莉莉回家了，她发了个信息给顾小帅，说：“正月初三，我们在班主任家里聚会，你来吗？”顾小帅说：“我在外地参加社会实践，没买到回家的火车票。”

聚会那天，所有见到莫莉莉的人都大为震惊。她谈吐睿智，她蓄起了长发，她微笑的样子很美丽，她举止从容不卑不亢。

她走到学校操场，大雪初晴的天气，白白的积雪覆盖着草地，在蓝天下折射出温和耀眼的光芒。

顾小帅从光芒里走过来。

莫莉莉惊问：“你不是没买到票吗？”他笑：“我站了一夜。”

他说：“我一直想跟你说对不起，我太莽撞地喜欢你，没想到反而伤害了你。我不求你原谅，只求你相信，那时，我是真的喜欢你。”

他站了一夜，就是为了说这句话吗？莫莉莉的眼睛有点潮。她完全相信，那时，他喜欢自己，真的喜欢自己。

原来，他究竟有没有真的喜欢过自己，这正是她一直耿耿于怀的事啊！这才是强迫症的根源所在啊！至于伤害原谅什么的，早已随着成长消逝而去。

04

又一个冬天来临时，莫莉莉参加了健身班。每天一小时，跟着音乐，运动、蹦跳、出汗，淋漓尽致。她尤其喜欢从健身馆慢慢走回宿舍的感觉，浑身舒畅，从头到脚，从里到外都融融的暖和。

她不再害怕冬天，畏惧寒冷。

她也开始明白，真正的自信，不靠家庭给予，也不仰仗爱情，而是源自内心。

有一天，莫莉莉正在上课，忽然收到莫老妈的短信，只有三个字：我爱你。

她吓了一跳，出什么事了？她也顾不得正在上课了，握着手机赶紧从后门溜出去，跑到走廊尽头给莫老妈打电话。

莫老妈很淡定地说："没什么，我不是正在学发信息吗？本来我想发的是，你个死丫头这么久没打电话回来你死哪里去了？是不是交了男朋友了？还是怀孕了？作为护士的家属你要是没点保护身体的常识，回来我就用衣架抽你！但是一想到要打这么多字我就嫌麻烦，所以干脆发个'我爱你'算了。"

莫莉莉笑了，她知道，莫老妈唠叨也好，骂她也好，对她抠门也好，拿衣架扔她也好，其本质只有一个，那就是，我爱你。

唠叨、纠缠，看似很烦恼，其实是最幸福的。因为这个世界上，除了父母以及爱人，再没有人对你这么好了，也不会有人会管你这么多了。所以，珍惜那个对你发脾气的人吧，珍惜那个对你唠叨的人吧，不要让你变成她心里可有可无的人。因为爱你，才会唠叨你。

隔着花瓣的吻

一生至少该有一次，为了某个人而忘了自己，不求有结果，不求同行，不求曾经拥有，甚至不求你爱我，只求在我最美的年华里，遇到你。

你的初吻留给谁

五月，校园里的梧桐花开得繁花似锦。苏小沫胸前抱着一本书，一个人漫步在梧桐树下。

她喜欢梧桐树嫩绿的叶子，喜欢梧桐花浅紫的颜色……

隔壁班上几个男生，下课后没有走，而是站在一棵梧桐树下的石凳上，聚在一起喧哗着，争论着。一个男生嚷嚷着，让大家说说自己的初吻应该留给谁。一个男生说，我的初吻应该留给与我结婚的人。

太老土了，没劲！众男生长叹。一个男生说，我早就没有初吻了，我的初吻早就被我那疼爱我的奶奶掠去了。

众男生又是一阵哄笑。

一个男生说，我的初吻？说起来挺尴尬，有一次我在猪圈里喂猪，一不小心摔倒了，嘴巴正好吻在猪屁股上。不是你无辜，而是便宜了那头猪。哈哈哈，男生们转着圈，一阵跺脚地大笑。

一个男生突然叫道，夏雨辰，你的初吻留给谁？当然是留给自己初恋的人了。穿着白衬衫的夏雨辰，嘿嘿笑道。

你的初恋是谁？众男生起哄。夏雨辰瞟了一眼正抱着书走过来的苏小沫，大声说，你们看看她行不行？

男生们一阵狂笑。

苏小沫听了夏雨辰的话，耳廓微微红了，初始时她有点不知所措。突然，苏小沫把抱在胸前的书，朝夏雨辰扔去，书不偏不倚，刚好砸到正在嘻嘻哈哈夏雨辰的头上。稀里哗啦，夏雨辰就这样倒下了。

喜欢梧桐花的女孩

在校园的墙根，也站着一溜高大的梧桐树。

再见苏小沫，也是在这溜梧桐树下。嗨，苏小沫，那天没吓坏你吧？夏雨辰拦住了正在散步的苏小沫。

呃，是你啊夏雨辰，那天没砸晕你？苏小沫看着夏雨辰额头上的包，捂着嘴笑了。

没事没事，我的头硬着呢。夏雨辰大大咧咧地说。

没事就好，以后可不要随便开玩笑了。那是那是，妹妹教训的是。夏雨辰顿了顿说，你是不是很喜欢梧桐花？嗯，我的家乡，屋前屋后都是梧桐树。

你是你们村里的凤凰吧？夏雨辰说。

苏小沫笑了，但是不答。

说到苏小沫的家乡，苏小沫一阵伤感。

她的家乡是在一个偏远的小山村，那里有她整日辛勤劳作的父母亲……

此时，轻柔的阳光从梧桐树间落下来，落在苏小沫那十七岁的唇上，是那么迷人。

好想好想吻一下苏小沫的唇，夏雨辰的这个想法，并不是现在才产生，而是蓄谋已久了。

其实，被苏小沫砸中头，是个阴谋。夏雨辰一直喜欢苏小沫，只是无从搭讪和接近。那天，是他让同班同学配合，自导自演了那一幕，为的就是引起苏小沫的注意。

无论如何，都要在毕业前，吻一下苏小沫的唇，哪怕是被暴打。夏雨辰坚定了这个想法。

纸上的吻

苏小沫和夏雨辰是同级不同班的同学。

下午最后一节课是数学课，老师不在。自习。

夏雨辰翻了几页书，复习不下去。他悄悄铺开一张白纸，在上面轻轻素描出苏小沫的头像。描完后，他不是很满意，于是把苏小沫那两片翘翘的嘴唇，用笔涂得鲜红欲滴。

之后，他有点无聊有点困，不久就进入了梦乡。在梦里了，他看到苏小沫笑盈盈地向他走来。夏雨辰在梦里又流口水了。

夏雨辰醒来的时候，突然发现已经下课了。更惊奇的是苏小沫站在他的面前。

夏雨辰，真有你的，快高考了还敢睡？苏小沫屈起食指，轻敲他的头。

小睡，小睡。夏雨辰说着便不好意思地站起来。那张画着苏小沫的白纸，却粘在夏雨辰的脸上。夏雨辰慌忙扯下来，一朵鲜红的吻印落在夏雨辰的腮上。

我看看你画的什么？苏小沫抢过夏雨辰手中的白纸。

苏小沫看到那双红唇，脸红了。画着玩的，见笑了。夏雨辰慌里慌张地把那张画着红唇的纸收了起来。苏小沫对夏雨辰说，还胡思乱想，就高考了，加把劲儿。

脱了鞋都赶不上了，我不想杀死自己聪明绝顶的脑细胞。夏雨辰一脸的无所谓。

你，你真的没救了。苏小沫甩甩手，走了。可不久，苏小沫又折回头。夏雨辰一愣。你真的想吻我？苏小沫抬起头问夏雨辰。夏雨辰微微一怔。面对苏小沫的认真，他不再嘻嘻哈哈。

那，那当然想，谁不想呢。夏雨辰挠挠头皮，第一次说话不利索了。等你考上北大了，你才可以吻我。苏小沫说完，转身，留给夏雨辰一个背影。

我能行吗？这看似一个不可能完成的一个任务。夏雨辰有点迷茫。

可是，他不得不收敛了贪玩和玩世不恭。因为，他知道这是一个女孩子对他的期待。

夏雨辰开始忙碌起来。

夏雨辰，周末我们去爬山？文印站在他面前。

不去不去，你们别来烦我好不好？夏雨辰故作镇静。

夏雨辰，你变了，变得不像你了。夏雨辰，你为了她，这么折磨自己，多可怜啊。

夏雨辰，你……

你们烦死了，都走开都走开！夏雨辰发飙了！

“死党”都走了，夏雨辰心里一阵空落。年级测试，夏雨辰的成绩有一点点进步。班主任还趁热打铁在班上大张旗鼓表扬了夏雨辰，夏雨辰心里像吃了蜜糖。“听说你的成绩提高很快哦。”苏小沫知道夏雨辰的成绩有所提高，也来祝贺一番。

“过奖过奖，比起你来，差了十万八千里呢。”夏雨辰得意之下不忘恭维。

是的，夏雨辰的成绩只是昙花一现，年级再次测试，夏雨辰的成绩又回到了原点。

夏雨辰一脸茫然，他知道，按照自己现在的成绩，考北大？真是“白搭”……

他有好长时间不去找苏小沫了。

梧桐花的吻

昨夜。梧桐。细雨。

早上，校园里淡紫色的梧桐花落了一地。苏小沫约夏雨辰来到那一溜梧桐树下。你真的喜欢我吗？苏小沫轻轻问夏雨辰。

喜欢，喜欢。夏雨辰有点不知所措。那你，吻我吧。苏小沫羞涩地闭上了眼睛。

我还没考上北大也可以吗？

没关系。我愿意。

夏雨辰望着苏小沫光滑、温润的唇，心里一阵发慌。苏小沫为何这样做呢？他知道，按照他现在的成绩，永远也考不上北大。按照他们的约定，他不可能吻到苏小沫的。突然间，夏雨辰明白，苏小沫之所以这样做，是因为不想让他高考后留有遗憾。

苏小沫的唇，犹如一朵鲜嫩的梧桐花啊，正散发着幽幽的气息。一枚带着露水的梧桐花，从枝头飘落下来。夏雨辰轻轻接住，突然想到了什么。他轻轻含住梧桐花的后萼，让花蕊对着苏小沫的嘴唇，轻轻吻了下去。

隔着一层薄薄的花瓣，夏雨辰感觉到苏小沫的唇微凉，恬淡，让他眩晕。

苏小沫始终闭着眼睛。她的心，此刻，软了，醉了，美了。

梧桐树下，两个少男少女轻轻相吻，一切很美，很美……

后来的后来

黑色的七月。

后来，夏雨辰没能考上大学，于是背起行囊去南方打工；苏小沫考取了北方的一所大学，成为世界500强公司的白领。他们各奔前程。

有人说，初恋最后的结果多半是失恋。苏小沫和夏雨辰最后也没能成为恋人。

一朵纯洁的、梧桐花的吻，停留在了十七岁那年的花季……

走着走着，就散了，回忆都淡了；看着看着，就累了，星光也暗了；听着听着，就醒了，开始埋怨了；回头发现，你不见了，突然我乱了。遭遇一场没有结果的爱，并不是你错爱一人，只是你恰巧遇上了青春。这场爱意味深长，会帮你成长，会让你感激回想。

回到过去的摩天轮

我不知道，我还要等多久才能看到一个答案；我不知道，我还能坚持多久才能得到一个结果？思念，很无力，那是因为我看不到思念的结果。也许，思念不需结果，它只是证明在心里有个人曾存在过。

去稻城的那个初秋，天空下了一点点小雨。稻城并不是位于亚丁的那座高原，它只是江南的某个如烟小城，这两年才改的名字，小得在地图上几乎找不到它的位置，并没有多少人知晓。

李蜜知道这个地方，是在一个叫“走游”的旅游网站上，江南稻城——回到过去的摩天轮。

回到过去。这几个字像是有某种巨大的吸引力，让长期深陷困惑的李蜜有了一种莫名的兴奋。

她看着躺在病床上已经整整三个月的未婚夫肯加，他的面容俊朗无比，长长的睫毛、微微闭起的双眼就像睡着的安琪儿。

如果不是因为躺在医院，没有人相信肯加是一个不会说话的植物人。肯加是在他们结婚前三天出的车祸，她想去爱琴海，可是他想去撒哈拉或者埃及。为这件事他们争执了很久，最后还是她的闺蜜赵晓出面说服了肯加。

肯加和赵晓都是她的大学同学，开始她从未想过肯加会来追她。肯加是学校生物系教授的外孙，打一手好网球，长得英俊潇洒，每次考试都是全系第一。而李蜜只是大学里的女同学中最普通的一个。

所以当赵晓告诉李蜜肯加喜欢她的时候她还是非常吃惊的，肯加啊，那是让半个海大的女同学都疯狂的运动才子，怎么可能会喜欢自己呢？

可是当肯加端着李蜜最爱吃的红豆沙在她楼下跟她表白的时候，她终于相信传言的真实。爱情来得就是这么简单，他们恋爱，毕业，工作，谈婚论嫁。

如果肯加没有出车祸，如果不是在车祸现场有人拍到肯加紧紧握着赵晓的手，她会一直相信自己是这世界上最幸福的女人。

他们出车祸的地方是加塞的一个岔路口，那个方向是去往亚城。车上放了两个人的行李和包，东西很齐全，像是两个人商量好了要私奔。

李蜜周围的人都觉得唏嘘，在背后纷纷揣度发生了什么事，包括李蜜自己。她很想知道赵晓和肯加要一起去哪里，他们是不是背叛了自己？为什么一声不吭地就离开，可是赵晓在车祸中丧生，而肯加成了植物人。

这件事成了一个巨大的谜，每天夜里李蜜都在这个谜团里睡着，梦到肯加，梦到赵晓，她不停地追着他们，却怎么也追不到。

就在这个时候，她看到了来自“走游”上对稻城摩天轮的介绍。内容很简单：每个月的十七日凌晨两点半到达摩天轮的最高点，就能回到过去。

很多人留言说这是为了宣传所做的广告，哪个傻子会相信这些话？可是李蜜相信。

人在最绝望的时候哪怕只有一根稻草都要牢牢抓住。

火车开了八小时终于在夜里到达稻城，这是一座人烟罕至的小城，李蜜拦了辆车，司机问：“去哪儿？”

“摩天轮。”

“居然还有人敢来坐这个摩天轮，你也算胆子大了。”司机冷笑着，让人毛骨悚然。

李蜜望了望车窗外，远远地就能看到那座闪着灯光的摩天轮。

下了车，那五颜六色的小箱体组合成的七彩摩天轮赫然出现在眼前。突然，城楼的钟声响了，几只白鸽扑腾地飞起，她一抬头，一夕之间，彩色的摩天轮变成了滔天的血红。周围漆黑一片，风呼呼地吹，几乎要把李蜜手里的雨伞掀翻。

有一个声音慢悠悠地传来：“你还上不上去？”

她转过头，看到那个声音的主人此刻正穿着一件大红色的雨衣，露出一截儿苍白而枯瘦的手，帮她打开一节车厢门。

李蜜看清了她的脸，那是一张画着鬼脸的油彩脸庞，脸上的皱纹伴随着她的嘴唇微微抖动，大片大片的雨落在她的身上，印出她的眼猩红骇然，她幽幽地说道：“再不上去，可就来不及了。”

李蜜紧紧地抓着背包，握紧了手，一头钻进了那节泛着重重油彩的红色摩天轮车厢中……

要让爱情简单，最好就是找到适合自己的对象—— 一个真正值得去爱、也懂得回爱的人。这样，两人之间平时不需要猜测心意，不用担心行踪；不害怕在无意之间激怒，不怀疑做任何事情的动机。两人之间，有一点牵挂，却不会纠缠；两人之间，有一点想念，却不会伤心。

开往雪国的列车

> 童话里王子永远只爱公主一个人，那是童话，要保留纯净。现实是，公主和王子都已经慢慢长大，人和人之间会渐行渐远。城堡已经凋敝，粉红的玫瑰早就开始败色。

想念令人难过

我的爱情留下了很深的后遗症。

当这种症状发作的时候，我会在家拿出一口小锅点上火，粗暴地拆开包装纸，把面饼丢进水里，再敲进一个鸡蛋，火腿肠分成三段。当它们在这口小小的锅里会合，慢慢沸腾起来的时候，我的心就一点一点平静下去。

你知道泡面这样的食物很像失恋吗？当你寻求于它的时候，你很无助；撒调料包的时候会鼻酸，在失去食欲前把它赶紧吃掉，眼睛就被热气熏出了眼泪。你闻着头发里乱糟糟的气味，陷入了自暴自弃。

我能做好一整桌五颜六色的菜，可是我煮的泡面，特别特别难吃。

春天快要到了吧，我该去菜市场买新鲜的鱼和芦蒿，我的恋人也快要回来了。

可是我什么都不想做，我想念姚望。想念和难以下咽的泡面一样，都令人难过。

恋爱大过天

我是苏美佳，男朋友姚望在长春，每周我坐火车去看他，车票 17 块 9 毛，历时 1 小时 20 分钟。这两所学校联姻数十年，为很多像我和姚望这样的男女生解决了恋爱问题。

这是一趟开往春天的火车。车轮哐当哐当摇晃，满车厢暖暖的阳光。

姚望在出站口等我，双手插在牛仔裤的兜里，松松垮垮地站在那里，好像漫不经心的模样。但是我能肯定他这个 Pose 一定在镜子前摆了不下十次。每次见到他我都好兴奋，猴子一样跳上他的背，圈着他的脖子，我说：“我好想你啊。”

他急忙把我扔下来，“苏美佳，走光啦！”

好怕它融化掉

姚望喊我小猴子，我们在长春公园里晒太阳喂鱼，晃晃悠悠一下午就过去了。经过一个老头摆的糖人摊，他给我买了一个孙悟空的糖人。

走了几步，又买一大个粉嫩的棉花糖，嬉笑着说："大圣爷，你看，你的筋斗云来喽。"

我接过我的筋斗云，伸手摸他的笑脸，好暖好暖，也好怕它融化掉。

在长春，离电影制片厂不远。

电影院小小的、旧旧的，我们在这样半晦半明的旧电影院里接吻，光把脸的影子打到荧幕上，和电影里的章能才与沈韶华映在一起，真令人难忘。

而亲爱的姚望，我多么想在荧光飞舞的尘埃里再吻你一遍。它变成了一个愿望，变成了疲惫生活里唯一的梦想。

这熔炉般的盛夏

毕业后，我跟着姚望去了南京，开始了我们向往很久的生活。我们有过穷得可怜的日子，好多天的晚饭都是泡面加鸡蛋，火腿肠分成三段，好像那是很了不起的食物。最有钱的时候，姚望花四千块淘了辆破桑塔纳，宣告进入有车族。

姚望修好了车载CD，载着我上紫金山兜风。我们用炭火炉煮泡面，煮开水冲速溶咖啡，依偎在一条毛毯里等日出。

这是我记忆中关于姚望的最后的一个快乐片段，之后我们就被淹没进无数的琐碎争吵中。我们知道怎样相爱，却没人教会我们如何生活。我低估了和一个男人共同生活的难度，并不只是并肩一起看日升日落、清晨的一个微笑，晚安的一个吻。从前我永远在恋爱，连一只碗都没有洗过；现在柴米油盐、工资房租，它们像妖怪一样一点一点吞噬着我们的爱情。

就好像你曾经喝惯了高浓度的烈酒，他最后偷偷换成了水，还很无赖地说：“我只有这个了。你不喝酒会死吗？”

一份爱由浓转淡

吵架失去理智时我们会提分手，狼来了太多次没有人当真。我们就这样分手了。

我逃回了吉林，开始姚望还会给我打好多电话。道歉、回忆、畅想未来。我问自己：“真的还有勇气重走一遍吗？”渐渐地，姚望的电话少了，我甚至开始去相亲。

姚望从我的朋友那听说我打算订婚的消息，从南京飞了过来，抱着一大束黄金百合站在我家楼下，花和人都枯萎冻僵了。

直到深夜，我接到陌生人的电话。我赶去小饭馆，见到不省人事的姚望，躺在地上，抱着两只空的白酒瓶，表情痛苦地紧闭着眼。

我把他安置在酒店，脱了鞋子盖好被子，用热毛巾擦他的脸。我一动不动地看着他。

天快亮的时候我毫无预兆地发烧，姚望陪我去医院挂水，轻轻握着我的手，一动不动地看着我。他说：“为什么有人谈恋爱吵一吵就过去了，为什么我们吵架却回不了头。”

我笑了，扯开干裂的嘴唇，有道小口子，很疼。偶尔也想过要回到他身边，只是这个念头一起，过往的心碎就像滚雪球一样越来越大。由奢入俭那么艰难，爱情也一样。

“苏美佳，你会后悔吗？”他的下巴贴着我的头顶，这样问我。

我摇了摇头。他继续说：“我很后悔。”

“我以为我们还有很多时间。没想到属于我们的时间，原来并不多。”他把我往上拖了拖，说，“这条路可能是我们最后一起走的路了，记住它好吗？是冬天，有阳光，雪正在融化，走过这扇玻璃门，门外有一辆出租车在等我们。”

我一直记得姚望说的这条路，这是我对他的最后的记忆，不带一点伤害，温柔得像夕阳里的泡面。

春天快来了吧，梅花山有白梅，鸡鸣寺有樱花，可惜我全看不到了。

有人说：有情饮水饱，有了爱就可以战胜一切。但是在现实中，爱情总是让人泪流满面。爱情，其实很脆弱，它敌不过时间，敌不过距离，也敌不过亲情，甚至彼此的生活习惯。两个人在一起最重要的不是爱，而是信任、宽容、理解、沟通……这些都比爱重要。

再见了，我的向日葵

山无棱，江水为竭，冬雷阵阵，夏雨雪，天地合，乃敢与君绝。有时候，爱只是输给了生死、时间，以及欲望。也许放弃之后，才能靠近你；也许不再见你了，你才会把我记起吧。

亲爱的向日葵：

我突然觉得特别幸福。午后，有一抹阳光透过窗棂照进来，斑驳的光影洒在地板上，散发着春天的气息，不温不火不凉不暖刚刚好，我全身浸泡在阳光的沐浴中，觉得自己拥有最安全的幸福。

你的头像安静地亮着，我就这样安静地看着，屏幕的两端，流淌着一条无法泅渡的河。犹记得很久以前我们的对话，你说，三千多米的高空、陌生的城市已经是固定的生活形态。是啊，我们在营营役役的生活中不停地变换着角色。

这样的日子适合回忆，不是吗？回忆是奇美的，因为有微笑的抚慰，也有泪水的滋润。

你送给我的那枝向日葵花仍然伫立在黑色的花瓶里。金色的花瓣已经失去了最初的光泽，在岁月面前低下了倔强的头颅。忽而感到悲伤，岁月洪荒，已是三年。其间搬过一次家，已经风干的向日葵在我小心翼翼地照料下，没有掉落一片花瓣。

朋友讶异我的细心，他们不知道，这枝向日葵，是你对我最初也是最后的爱，是我对爱情的守望。

你还记得，属于我们的盛夏光年吗？那炽热的阳光、白色的衬衫，仿佛永远不知疲累的脚步。也是奇怪，只要有你在的日子，永远都是晴天。我说，你是一枝向日葵，你说，只想为你照耀一方晴空。现在回想起来，曾经的谎言与伤害，在这些甜蜜面前都那么微不足道。我们曾在最好的年华，一起度过一段苍翠流年。

有时候会想，命运安排我们相遇，也不过是一时三刻，用你的眼睛，看清我自己。我们的爱，长不过一个花期。多想再预订一个花期，让含苞待放的蕾，为你，绽放一段风情。无须热烈，在一朵花开的时间里，留给我一抹温柔的凝视，足矣。

奈何情深缘浅，我们终归是彼岸殊途。

在你送给我这枝向日葵时，我便知是爱情的终止。你把向日葵独自留给我，带走了一方晴空。

我只想说，在混沌的现世何其有幸与你相遇，我们曾经相拥，终又擦肩而过，一定要记得，我们的目光都为对方停留过，我们的人生在某个时期曾有过交错。虽然遗憾，但这种静谧无法言喻。

我写过很多故事，唯独没有写过我们。不是不想写，只是始终在等候着自己所希冀的那个适当时刻，例如日子安稳，岁月静好。没想到这一切却在始料未及的状态下仓促而来：你带给我要结婚的消息。

我知道，你终将逐渐消逝在我的生命里，你将会是一个女人的丈夫、一个孩子的父亲。还是写下来吧，当你有一天什么都记不得的时候，至少还有人会帮你记得我这个人、这些事。因为，交织成这些文字的几乎全是心绪的点点滴滴。

一场华丽邂逅，一段静默收场。缘起缘灭，有始无终。向日葵依旧静默着。它知道它被送出去的时候，意味着沉默的爱吗？它只是一枝花，载不动这许多愁。

始终没有告诉过你，我爱你！只怪情乱人心，无法从容面对。请原谅，我当初的幼稚。

此时，我这里阳光灿烂，你那里呢？其实你不说我也能猜到，因为我所关注的天气里，一定有你所在的地方。

一位作家说：该记得的不会忘记，会忘记的应该就是不重要的东西！

的确如此。

记得你、记得那些事，是因为在不知不觉中这一切都已成了生命交错的脉络。

只是，你也会记得我吗？

在爱中，蓦然回首，那人却在灯火阑珊处。寻找和等待的一方都需要同样的耐心和默契，这坚定毕竟太难得，有谁会用十年的耐心去等待一个人，有谁在十年之后回头，还能看见等在身后的那个人？我们最常看见的结果是：终于——明白要寻找的那个人是谁时，灯火阑珊处，已经空无一人。

来生再见

一只怀孕的藏羚羊在生死存亡的关键时刻，为了乞求老猎人饶过自己的孩子，竟毫不犹豫地跪拜在老猎人的枪口下。这神圣的跪拜，折射出母爱的光辉。谁说动物没有感情？

甘小二是在它十三岁这年病逝的。那天，我没有赶回去见它最后一面。

其实只是一只很普通的猫咪，可妈妈偏要说它是我们家的一员，是我的妹妹，还给它起了个名字叫甘小二。我不喜欢它，哪怕我们相处了十三年。

它住进宠物医院的时候，妈妈给我打电话说它是肾衰竭加并发症。

医生说甘小二的年纪太大了，恐怕这次过不了这道坎。我的心瞬间有点下沉，但下一秒妈妈的话让我全身的血液沸腾了起来，她居然请了一个星期的假来陪甘小二！我承认我再次妒火中烧了，没错，我在嫉妒一只猫。

我四岁那年它来到我们家，那时候的它刚出生不久，妈妈喜欢小动物，从亲戚家抱回了它。据说它当年楚楚动人，就一眼，便俘虏了我那母爱泛滥的妈。

从我记事开始，我这个甘老大就在与甘小二争宠。小时候我和它争夺妈妈温暖的怀抱，长大后我就嫉妒它永远是一个小动物的模样，可以一直享受她的爱。带它去散步，买最好的猫粮给它吃，帮它洗澡还有梳理毛发，允许它爬上床和自己睡，每天下班回到家的第一件事就是把它抱起来亲一口……妈妈对甘小二的态度，我是看在眼里恨在心上，我无法忍受它在这个家得到的待遇和我一样甚至比我还要高。

当然了，甘小二并不明白我对它的这种复杂感情，它除了喜欢黏着妈妈之外，也是喜欢往我身上凑的。在妈妈面前，我也是会亲昵地摸摸它的头，偶尔抱起来虚伪地说上一句“姐姐爱你噢”等诸如此类口不对心的话。

后来上中学后，我开始住校，我把整个妈妈留给了甘小二。不知它有没有感激我。

我虽不喜欢它，却已深深地习惯了它的存在。只可惜直到等它真正离去时，我才明白过来。是的，它终究是没挨过这一关。它从此永永远远地消失了。

妈妈说，那天的甘小二出奇的乖，仿佛也知道自己大限将至，安静地躺病床上打点滴，头歪到一边，目光注视着门口。它已经很累了，可是它还一直睁着那双已失去光彩的眼睛，痴痴地望着门口处。它在等我，它在等我这个姐姐。

等啊等啊等啊等啊，天快要黑了的时候，它终究是闭上了眼睛。甘小二闭了眼，天就黑了。可是天黑了，我也没有回来。家里再也没有它的身影，我想起以前周末我回家，它总是欣喜异常得绕着我走来走去，我坐下来后它便往我身上蹭。可我却总是不耐烦地用脚踢开它，用手推开它。听说每次我回家前的电话，妈妈都会开免提让它听我的声音，然后它就会安静地趴在门口等我。一等就是几个小时。听说冬天的时候它也在门口迎着冷风等我。

我从来没有想过甘小二有一天会离开，我从来不知道一只猫的寿命最多只有十几年。

它离开之后，我忽然发觉我开始会想念它。妈妈收藏着许多它的照片，四五岁的我和它抱着在地上打滚，在嬉戏欢笑，原来我们曾经也如此亲密过。

照片上的甘小二近在咫尺，可是我再也触摸不到它柔软的身子，我是再也见不到它了。在我离开家的日子，它代替着我陪伴了妈妈那么多个日日夜夜，以后谁来陪她呢？以后谁来翘首以盼等着我回家呢？十三年了，我终于意识到其实甘小二那么重要，它守护我的成长，我却一意孤行忽略了它的逐渐苍老。

在这迟来的光阴里，我终于觉得我失去了一位亲人，眼泪掉落下来，心开始疼。

甘小二，这辈子算我亏欠你的，下辈子，记得再见。

无论是人与宠物，还是人与人之间，陪伴都是一件相互的事情。经过十三年的陪伴，甘小二在占据了家人内心的柔软之处，使自己成为家庭中的一员。不要等到失去之后，才会幡然醒悟。我们在不断地索取的时候，也要注意回馈。

失恋三十天

一个钱币最美丽的状态，不是静止，而是当它像陀螺一样转动的时候，没人知道，即将转出来的那一面，是快乐或痛苦，是爱还是恨。快乐和痛苦，爱和恨，总是不停纠缠。

天公不作美

时间倒回 33 天前——

那时我们的小艾姑娘还是个身高 165cm，体重 45kg，走路弱柳扶风，穿着雪纺长裙，仙得能飘起来的小美女。大四没毕业，青葱水嫩亭亭玉立，满脑子要为洛以轩献身的精神，她瞒着家里人，背起行囊，雄心壮志地去投奔洛以轩。

洛以轩是何许人也？谢小艾交往四年的异地恋男友！

古往今来，异地恋是没有好下场的！

偏偏谢小艾不信邪，和洛同学谈了四年异地恋，然后坐上火车去找洛同学。洛同学之前表示毕业后要留在南京发展，谢小艾放弃了父母找好的前途大好的实习单位，一无所有地去找他，准备共同开创美好幸福的未来。

她风尘仆仆千里迢迢来投奔自己设想的光明前程，就看到洛以轩正拉着一妹子的手，你一口我一口地吃烤贡丸，光天化日实在不堪入目！

谢小艾一伤心，这嘴也没节制了，她不想见人，就躲在宿舍里吃喝睡。

够虐的

谢小艾失恋第33天，胖了33斤！

班长通知一个月后举行婚礼，不行，她不能这副模样去见洛以轩。

谢小艾想了一晚上，然后做了第二件蠢事，她在学校论坛上发了个帖子——寻找王小贱。

她看了部电影，《失恋33天》里面的王小贱毒舌嘴贱，充满战斗力，她现在就需要这么个说话夹枪带棒瞬间让人血槽清空的家伙来羞辱自己。对，就在过去的一分三十三秒，谢小艾决定减肥！头可断血可流，尊严必须有！她也要把这33斤赘肉一刀一刀割出去！

帖子的最后一句谢小艾自暴自弃，说若减肥成功，无以回报，要不嫌弃，以身相许。

怎么说大学四年，谢小艾也被追了四年，号称外国语学院最难追的女孩，没人咬得动，硬得跟望夫石似的。帖子一出，惊起无数蛤蟆，不过在看了谢小艾如今的尊容后，纷纷敬而远之。

极尽炎凉，谢小艾这才知道自己闹出多大的笑话。她心灰意冷地删了帖子，觉得自取其辱。有人拍门，她挪着笨重的身子去开门，看到许老妖在门后横眉冷对，看了她好一会儿，吐出三个字——

“够虐的！”

奇葩

许老妖是谁?

是朵不输于王小贱的奇葩!

原名许雪风，因为作风诡谲不按常理出牌，江湖人称许老妖。

四年前，开学报到第一天，许老妖正在卖电话卡。

正推销得起劲，后背被拍了一下，他一回头，对上谢小艾青春美貌的笑脸。

许老妖那时就一个感觉——我的神呀!

他立马放下卖卡大业，把谢小艾送到女生宿舍楼，并成功地推销了一张电话卡，连打听号码都省了，接下来开始路遥知马力日久见人心的追求大业。奈何谢小艾同学就是个天然呆，只当他是大碗喝酒大块吃肉的哥们儿。

终于在一个雷电交加大雨倾盆的晚上，许老妖按捺不住，跑到女生楼下喊：“谢小艾！”

那天正好是 11 月 11 日，有名的光棍节，网络都叫嚣着脱光，脱光，摆脱光棍。

谢小艾哭着说：“对不起，我有洛以轩了。”

接地气

许老妖看着谢小艾不断摇头，又骂："我说谢小艾，你胖了，难道连智商都被脂肪挤光了，现在做事情这么没脑子。"

谢小艾气结，她找什么王小贱，放一个许老妖在身边，就能气得三天吃不下饭。

许老妖拉起她："行了，别哭了，出去接接地气！"

谢小艾起身,也没追究许老妖已经去别的城市实习了,怎么又回来了。

况且现在最重要的是减肥！减肥！还是减肥！

有道是，许老妖一出，谁与争锋?

谢小艾开始在许老妖的鞭挞下，踏上了减肥的道路。不成瘦子，就成死胖子!

他还制定了一套完整的作战方针，严格执行，从心灵和生理上践踏谢小艾。

带谢小艾去逛街，指着橱窗里仙飘飘的裙子："漂亮吧，好看吧，现在你都穿不了！"

把洛以轩的照片放大，挂她墙头："帅吧，现在他拉着别人的手，还把你变成胖子！"

谢小艾嗷嗷冲出去，一拳打在洛以轩脸上，朝天大叫——

"我要变瘦！"

两人去称体重，谢小艾 110 斤，瘦了 13 斤。

许老妖很高兴："恭喜你谢小艾，你已经从肥肉型胖子变成精肉型胖子！"

谢小艾摇头："不够！"

还远远不够，离班长结婚只剩下 10 天，她要尽快瘦回以前的样子。

谢小艾心一狠，置之死地而后生，女人，要对自己狠一点！她牙一咬，胶囊配减肥咖啡，面霜加祖传秘方，一股脑全部用上，然后又做了一百个仰卧起坐，往床上一躺，美美地想，一觉醒来变瘦子！一觉醒来变瘦子……

这时，身体一阵翻江倒海的绞痛，谢小艾忍得不能忍，给许老妖打了电话。

被老妖背着上救护车，谢小艾捂住眼睛，眼泪顺着指缝流下。她没这么凄惨过，以前她是个自制的人，上进努力，多吃一个馒头都有罪恶感，现在她丢了实习单位，没了爱情，连女生最在意的容貌也没了，什么都没了。

而把她弄成一团糟的人还一无所知，牵着别人的手。

谢小艾抽泣着，小声说："骗子，都是骗子，我再也不要恋爱了……"

食物中毒。

两天后，许老妖削着苹果，一边往自己嘴里送一边骂："谢小艾，你真是够伟大的，为一个男人赔上一条命。食物中毒，我看你是脑子进水了！"

谢小艾拉过棉被，捂住脑袋，她现在不想见人，也没脸见人了！

捂了一会儿，她觉得奇怪，世界怎么这么清静？她探出头，看到一个最不想看到的人，洛以轩，面容憔悴、一脸悲伤地望着她。

"啊！"谢小艾发出一声惨叫，然后以迅雷不及掩耳之势蹿了出去。

谢小艾跑了，她不敢面对洛以轩。

谢小艾怒气冲冲地找到许老妖，开口就是质问："是不是你告诉洛以轩的？"

许老妖点头，谢小艾堆积在体内的肝火怨气全部爆发了，她恶狠狠地推了他一下，歇斯底里地吼着："谁叫你让他过来的？你看我现在这个样子，又丑又肥，怎么见他？你凭什么插手我们之间的事？"

许老妖也火了："谢小艾，你看看你现在变成什么样子？你是胖了，也没以前漂亮，但我告诉你，一个真正喜欢你的人，是不会在乎你是胖子还是瘦子的！他只会心疼你，就算你再胖 33 斤，他也不在意！"

"骗子！如果真有这种人，论坛的人就不会笑我自作多情，你说有这种人，那你找出来！”

许老妖脱口而出：“难道我不是？”

男人的话最不能信

十天后，谢小艾一个人参加了班长的婚礼。

她还是没能瘦回到从前，同学们开玩笑说她胖了，不过比以前健康。

除了洛以轩。没人知道她曾经深陷泥坑，差点爬不起来。

谢小艾遇见洛以轩，她坦言：“洛以轩，你现在就像我身上的赘肉，不被需要还是个负担，离开你还会痛，但痛过以后，我会变得更好。”

她成长了，一个人也可以很好地生活。

许老妖来告别，他实习一半跑回来，老板要剥了他的皮，他得赶紧回去。

许老妖说：“谢小艾，我走了，以后再失恋分手，也不要把自己整成胖子！”

最后，他抱了抱她：“小艾，不用再减了，你现在挺好看的。”

谢小艾也抱了抱他，她没再去纠结体重，一切顺其自然，要实习要毕业，失恋了可生活还要继续，她学着稳妥平静地生活。有一天，她发现，原来的衣服能穿了，她兴奋地给许老妖打电话：“老妖，我瘦回来了，你也回来吧！”

她走出来了，可以更好地喜欢一个人。

相信每个人都经历过失恋，对失恋感觉也都刻骨铭心，失恋是一段颠覆你价值观的时光，这段日子人人都觉得自己会吊死在一棵树上。千万别，因为有一种人，他们曾让你对明天有所期待，最终却没有出现在你的明天里。也有一种人，他们会在往后的岁月中给你更长久的幸福，虽然他不曾来过你的青春。

一场最好的爱恋

世界上最美好的事情不外乎，我喜欢你，你也恰好喜欢我。不管这段情能否走远，但起码现在我们俩都是最幸福的人。幸福只争朝夕，哪管万年？

苏南。远远地看到你从我座位旁边经过的时候，我在心底一遍又一遍地默念着这个名字，却也装作一副若无其事的样子做着一道数学题。肯定你走远了，我才发现这道题目我已经在看了好多遍之后还不知所以然，而草稿纸上却只写满了你的名字：苏南。

只是，彼时，我是在高三。爱情，纯属奢侈品。

收到这个叫苏南的男孩的情书是在新学期开学的第一个礼拜，在我还叫不出这个班大部分同学的名字的时候，那张好看的信纸上，你只简短地写着："沈蓝心，我喜欢你。"

于是，我对你很好奇。我决定要抬头看看你的样子。

让我始料未及的却是，一抬头，我便让你住进了我的心里。

从来不知道一个男孩可以把一件白色的T恤穿得这样活色生香，从来不知道原来一个男孩会有这么干净明亮的、仿佛不识人间烟火的样子。于是就那么一眼，我知道我完了。

我坐在教室的前排，是老师同学眼中的好孩子。而那天发试卷的时候，我知道了苏南的座位，是在整个教室最后的那个靠窗的位置。偶尔我一回头会不小心碰上你的眼神，然后两个人都迅速地移开。那么，在那样的时刻，你有没有在想，蓝心是不是也喜欢我？

喜欢看你在篮球场上叱咤风云的样子，可是我永远只会远远地看着，从来不敢像别的女生那样大声地为你加油或者为你递上一瓶水。因为我是蓝心，我不够勇敢。

是在高三的运动会之后吧，不知道是谁拿错了我座位上的椅子。于是，那一堂课我只好和叶子挤在一起。中午吃完饭回到教室的时候，竟然意外地发现座位上多了一把一看就知道是从商店里买回来的椅子。我一回头，便看到你旁边的那些人指着你对着我点头。而你还是那副淡然的样子，好像这一切都与你无关，你只是做了一件你应该做的事情，就像吃饭睡觉一样自然而然的事情。

那一刻，忽然觉得，为什么喜欢一个人却要那么辛苦地隐藏起来不让他知道呢？更何况他也刚好喜欢你。我想也许一直以来是我不够勇敢。

当我放下所有的顾虑，很认真地跟你说“苏南，其实我也喜欢你”的时候，我看到你那好看的笑容一点点地从眼角慢慢弥漫开来。后来的后来你跟我说，蓝心，你不知道那一刻我的世界有多美好。你还跟我说，其实对于这份喜欢，你是多么自卑。因为一直以来，蓝心的光芒太耀眼，而苏南只是一个坐在后排、老师不会管的成绩不好的差生。所以蓝心，谢谢你让我觉得其实喜欢，对于任何一个人来说都是平等的。

而我该是多么庆幸自己说出了那份喜欢。因为在高三最后那段艰苦的时光里，那个叫苏南的男孩，他给了我最大的温暖和力量。而他也开始认真地听课，他说即使最终他考不上大学，至少他要让自己记得，曾经他为一个叫蓝心的女孩很认真地努力过。

高考揭榜的那一天，我看到他在光荣榜前一行行地往下看，然后在一个名字上停留了很久。

是的，你要问后来。后来的后来，蓝心和苏南没有在一起，或许大多数的初恋都会有这样的结局。

可是我却是那样庆幸，我喜欢他的时候，他也刚好喜欢我。而更重要的是，我们都那么勇敢地告诉了对方，我很喜欢你。

那么，这就该是一场完美的初恋了吧。

爱情不在乎天长地久，而在于曾经拥有。虽然留有遗憾，但会让人受益匪浅。除了爱情，在人生道路也是如此。因为怀抱遗憾的人，一旦面对曾经使自己遗憾的事，就会知道该怎么做或不该怎么做。从这个意义上说，遗憾既是一面镜子，又是一种药物，能让我们变得更加强大。

我只想被你一直牵着手

因为梦着你的梦，所以悲伤着你的悲伤，幸福着你的幸福；因为路过你的路，因为苦过你的苦，所以快乐着你的快乐，追逐着你的追逐；因为誓言不敢听，因为承诺不敢信，所以放心着你的沉默，去说服明天的命运。没有风雨躲得过，没有坎坷不必走，所以安心的牵你的手，不去想该不该回头。

生日的前一天，他把电影票放进信封里交到我手上。我拿过信封，看见电影票上写的竟然是《怪物史瑞克》，还是下午场，正是我最困顿不堪的时候，当时真想劈头盖脸地对着他问一句：

“当真？”

九月的北京把我这南方人晒得唇干舌燥。顶着热辣辣的太阳我终于走到了电影院，一下就认出在门口等着的他。那时他总驼着背，也不懂是哪里带来的坏习惯，为此我是恨得直咬牙，心里总想能一掌拍去，背就永远直挺挺的，一了百了。当时我们还只是朋友，最多也只能提醒一下他一句，省得他嫌我啰嗦多事。现在是不一样了，他知道我何其痛恨他驼着背的样子，平时也注意了许多，腰板直了，人当然也精神了不少。

电影是轻松的动画片，一个多小时下来，满满的都是我无法无天的大笑，比较起我来，他极少的时候会像我一样肆无忌惮地笑出声来，他已经习惯控制自己的情绪，无论是好是坏，是多是少。控制，是他理解情感的方式。

看完电影之后，我们到了中关村的拉面馆吃晚饭。

“我有些话想对你说。”他忽然挑起这话题。

表面的我自然不过，诡异地笑着点了点头，这终于是要开口了。

实际上我以最快的速度预想出，他若是真的说出口，我该如何回答最好……在一起的理由是什么……不在一起的理由又是什么……为什么不在一起……我也不清楚……在一起好吗……好的话那在一起的理由是什么……

天啊！真希望连他结结巴巴的时间都偷走，好掩盖一下我的思绪凌乱。

“我知道很多人说我，是喜欢你的。”

“啊，嗯。”

“我是喜欢你。”

他终于说了。

“不过，那是朋友的喜欢。我希望我们可以是好朋友。”

我真的是佩服自己的，竟然能像碎纸机一样把这几句话前的千头万绪剪得粉碎，现在的我是孑然一身了。

“噢，那就做朋友吧！”说罢，我继续吃面喝汤。

心里只有一句：

“当真？”

吃完面后，我们得往三里屯赶，因为几个朋友准备在一个酒吧里为我庆祝生日。从面馆走向地铁站，横着的是一条布满广告的隧道。隧道像一个很深很大的吸盘，抽干了我所有的心思。

不是特别难堪，不是混乱，不是平静，都不是。

如果去地铁站的路能被压缩得很短很短，开往三里屯的地铁能开很快很快，如果我能一眨眼就把所有的人拥抱一遍，一口气把所有的酒喝光，一下子像被重重地往脸上打了一拳似的昏迷不醒，时间能像进入黑洞一样失去感知，就好了。

“我可以问你一个问题吗？”他突然问道。

我回过头去，正眼对着他的脸，“当然，可以。”

“我可以，牵你的手吗？”他结巴得厉害，后来又连忙解释了一句，“到了三里屯地铁口，我就放手。”

看着他吞吞吐吐连忙解释的样子，我没多想，就把手重重地拍在他手上，还不忘取笑他说：“这，你的手抖得，是不是，厉害了点？”隧道里的灯很亮，照得人晕头转向，当时我真担心他会一下昏倒。他轻声地又重复了一句：“到了站我就会放手了。”

他紧紧地扣着我的手，掌心一直在冒汗。北京的地铁里人头攒动，行人和我们擦肩而过，夹杂着笑声吵闹声也有刺耳的沉默和忙碌。此刻，仿佛所有的千头万绪都在嘈杂的人声中变得分明清晰，我只剩下一个念头：不管我们是否真的能做朋友，更不管这条路我们能走多久，就这样吧，就这样什么都别想吧，一步一步地，拉着手走下去吧。

出了地铁站，夜已深，北京城亮起了整片的霓虹灯，把顶上的黑夜照出了一圈圈的光晕。本该在地铁口就放手的时候，他对我说：“可以到了酒吧之后再放手吗？”

天啊，这个傻瓜。

后来我们说起这个晚上，脸上都忍不住泛起了笑。笑当时明明不想松手，所以希望小路能长长的没有尽头；笑明明心里字字句句清楚得很，却口是心非，却欲言又止。可是这个晚上虽然已经过去了快两年的时间，却不带一丝模糊的影子。

我常想起一句话，说爱情就是想触碰却收回的手。从来没有人对我说什么是爱情，我至今也不能说出个所以然。但是我懂得爱情最初的模样，留着的悸动温柔也深刻。我们拉着手走在喧闹的街道上，路边的灯光昏黄摇晃，他的脸在灯光下轮廓分明。

我们找了好久都截不到出租车，好不容易拦到了一辆三轮车，后面带着一个铁皮包厢，门都不能关紧。于是他一手牵着我，一手拉开车门，扶着我上车；还是牵着我，自己抓住了门边的把手上车；最后一边牵着我，一边抓紧门上松垮垮的锁。我坐在他的身边，看着路上的楼房还有行人一个个往后退，坐在前面的脚夫一下一下地踩着脚踏板，听着轮子咯吱咯吱地响，头上的铁皮发出不结实的声音。

我还能听见，他很靠近但不自然的呼吸，他仿佛在努力抑制自己的情绪，一路沉默不语，只有一直握着的手，自始至终没有松开过。

三轮车停在了约定好的酒吧旁，到了酒吧门口，他松开了手。我们没有马上进到酒吧里，而是在一间已经关门的店前坐了下来。街上的人已经变得很少，夜里看不清楚他们的脸，只见路人零星地在眼前走过，再消失在眼前。

“你怎么不说话呢？”我问。

“我，不知道该说什么好。”他回答我道。

“哦，我知道了。”其实我知道个屁，一点也不明白。

“我今天才知道，原来人的感情是不受控制的，你要是控制它，心里就会挺难过的。”他说这话的时候，我没敢抬头看看他。

沉默了一阵，我对他说：

“走吧，他们等了好久了。”我起身就往酒吧里赶。

后来听他说，那天他跟在我后面，忍不住掉眼泪。

或许，明白是爱却不知如何面对的爱，都是一场梦而已。

前世的五百次回眸，才能换来今生的擦肩而过。那么两个人的爱情又要历经多少年的修炼？既然遇上，就要珍惜，不能轻易说放开。彼此对爱的表达方式不一样，如果多一点沟通，多一点信任，多一点理解，更多一点包容，或许爱情就会变得更加美好和甜蜜。

逆袭吧，胆小鬼

如果有来世，就让我们做一对小小的老鼠吧。笨笨地相爱，呆呆地过日子，拙拙地依偎，傻傻地一起。即便大雪封山，还可以窝在草堆紧紧地抱着咬你耳朵。一生一世眼里只有你和我，一生一世你我都是对方眼里的最美。

叶琪走进实验室的那个早晨，森树正在给豚鼠灌胃。

在一群学妹眼中，帅气的冷面学长显然比动物实验有吸引力得多。

叶琪站在一旁冷眼旁观，回想起头天晚上她们还在讨论：拿动物做实验是多么残忍，恶心。她不觉冷笑一声。如果不是为了暑期实践的学分，她肯定不会和此刻花痴般的室友来毒理系做实验的。不过，更重要的原因是，她下不了手。

冷血学长

叶琪喜欢这些鼓着腮帮子、黑眼睛像木瓜籽的小老鼠。高中时，叶琪在家里养过一只，后来莫名其妙地死掉了，从此她不养宠物了。没想到，上了大学，她不仅要当饲养员，帮忙喂养这些要求严格的实验鼠，最后还要充当执行死刑的刽子手。动物实验规定：所有实验动物在实验结束时必须处死，不得带走。

叶琪看着面容冷峻的森树，眉头没皱地用颈椎脱臼法处死了一只豚鼠，她整个人汗毛倒立。森树突然招呼她上前：“你来试试看！”

“拇指和食指按住头部，右手拉紧尾部……”森树在一旁指导，声音像一条平直的线，毫无起伏。叶琪心想：真是冷血的学长。不知道为什么，她想起了阿林和自己分手的那个晚上，他是那么冰冷地说出分手永不再见的话。走神中，她忽然感觉到手里的小豚鼠滑出了掌心，她本能地放开了手，任由它逃了。

小豚鼠爬上了实验台，打翻了试剂，她退到门口静静地看着那只豚鼠，就像看到了孤独无助的自己。

你很奇怪

叶琪没有朋友，连点头之交都没有。她安静到常常让人忽略她的存在。“你很奇怪！”告白和分手，阿林都说了这句话。

正能量的女生才惹人爱。谁都不愿意和一个可以吸走阳光的黑洞相处吧。个性上的缺陷叶琪很明白，但是要改变难于上青天。不过，叶琪的成绩好，在其他同学看来，她是冰美人一个，大多敬而远之。

叶琪是这次暑期实践的项目主持人，进实验室三天了她还没有动手。

“成天擦擦仪器，刷刷试管有意义吗？”那天，森树突然叫住她。

“你是害怕吗？”森树紧盯着她，叶琪定定地站着，有那么一瞬间，她很赞同室友们的花痴眼光。

“怕是需要克服的。就像每个人都怕孤独，但你总要习惯一个人的时候。”森树脱下白大褂，看来是要和她同行。走到学校广场，森树给她买了椰汁，于是两个人就坐在台阶上喝饮料。广场上有孩子在练习轮滑，有老人相扶着散步，还有一个红裙女孩漂亮地读着英语。事后叶琪能记起很多细节，唯独记不清的是他们之间的对话。但她知道，她应该是说了很多的。用一个傍晚的时间来回放她平淡的前 20 年完全足够了。

后来，森树送她回到宿舍楼下，临走前拍她的肩膀说“明天好好表现”。他还是没有笑，可她却感受到每个音节里的温柔。幸福就像一锅滚开的米粥，在她心里咕咕地沸腾着。

逆袭吧，胆小鬼

叶琪史无前例动手解剖了一只豚鼠，作为奖励，森树请她去学校的风味小餐厅吃饭。她就毫不矜持地吃了起来。隔壁一大桌人闹闹哄哄，她却根本没在意。

看着叶琪吃得津津有味，快乐地说“好吃”的样子，森树有点感动。

森树对上叶琪的眼神，两人都不好意思地躲开了，慌忙地低头吃菜喝汤。突然，一瓶啤酒重重地拍到他们的桌上，两个人都吓了一跳。是阿林！“你有新男朋友了？”阿林显然喝多了。叶琪还没回过神来，几个男生歉意地赔着笑，连拉带拽地把他拖走了。叶琪忽然没了好胃口。她不想森树知道前男友是阿林，更不想森树知道，是阿林先提出分手。骨子里叶琪有着小女生的别扭，例如分手总要是女生提出，一定是女生甩男生，不然太没面子。

回宿舍的路上，森树并没有打听，这让叶琪舒了口气，默默为他加了几十分。

几天后，叶琪在实验室忙了整个下午，终于学会了森树的灌胃手法。

很快叶琪学会了取内脏标本，这个更挑战技术，胆大更要心细。要保证分离精细，又不能损伤组织，全部取出一只豚鼠的腹腔器官，起码要做上 3 个小时。同行的女生们一听这苦差事都落跑了，只有叶琪，整天整天地待在实验室，灌胃、解剖、分离、称重、记录。当然，森树的鼓励和陪伴发挥了鸡血作用。

夏蝉在枝头鸣唱，窗外的紫荆和流云美得就像画片。这么文艺的气氛多适合谈人生、谈哲学，他们却围着一个动物肝脏前后左右讨论了半天。可叶琪觉得这依旧是件浪漫的事。

豚鼠小 U

这段时间叶琪觉得自己真成豚鼠了，习惯躲在角落，伺机而动，却只敢做些逃命的勾当。她越发明白自己是喜欢森树的，但她不敢表白。

她努力如同对待哥们般对待森树，暗恋太需要技术了。

第二批豚鼠送到了实验室，叶琪帮忙清点完数目，大家就开始进行灌胃观察。森树来得晚，他看到编号 1 的笼子里只剩下一只豚鼠，编号 2 的鼠笼倒是已经空了。“怎么不把 1 号笼的做完再做 2 号呢？”他有些生气，学妹们破坏了实验的严谨，连选动物都挑肥拣瘦的。

一个女生说：“1 号笼的那只豚鼠有些躁动，我们怕被抓伤。”不少女生都连连声援，森树没再说什么。

躁狂的豚鼠？叶琪有些好奇，跑过去看。除了把木屑刨得如天女散花一样，它也没有太多躁狂的表现。许是被盯烦了，豚鼠转过身，蜷缩成了一个胖汤圆的样子。叶琪发现它的背脊上有一块褐色的杂毛，图案还挺萌，像是白色地毯上冒出来一颗心。

也许是那块特别的杂毛，让女生们怀疑那是某种传染病，她们才选择跳过它。叶琪一厢情愿地为它设定了一段故事，还给它想了个好听的名字。

看着叶琪喜爱的神情一声一声地叫着“小 U”，森树浇来一盆冷水：“实验室动物不能带出去。”

晚上，叶琪在自习室接到森树的电话，他淡淡地说：“你的小 U 逃跑了，实验室乱糟糟的，你来收拾下。”

等叶琪上气不接下气地跑到实验室。“找不到。”森树说着就开始关灯、关门。叶琪在灭灯的瞬间瞥了一眼，实验室里干干净净的，她狐疑地跟着森树往外走。

夏夜的凉风送来花香，他们一前一后地走着，影子交叠起来，像一种深度的陪伴。到宿舍楼下，森树变魔术般拎出一个小笼子递给叶琪，然后转身走了。那是宠物店装仓鼠的笼子，设备齐全，特别像个家。滑梯上的小房间里，露出个毛茸茸的圆屁股。路灯下，虽然看不清楚，叶琪很肯定那是小U。

“它的美应该属于会欣赏的眼睛。就像你，叶琪，你的特别应该让懂的人来珍惜。”叶琪的手机收到这条短信，她笑了，追上森树。

那个有风和花香的夜晚，他们牵着手放生了一只豚鼠。

恋爱就像烧鱼，先放入葱姜小料，恋爱便有了插曲，再用热油炸锅，恋爱便有了激情，然后放入鲤鱼，恋爱正式入戏，之后慢火烹制，巧施妙计，恋爱便基本成型，最后，勾芡出盘，两人如糖似蜜、如胶似漆，共赴美满婚姻。

梦想地图背后的秘密

在很多年以后，我们想起了曾经年少青春懵懂时候的感情，或许那不能称之为爱情，但是那时候的我们却会把它当成是爱情，也许，在现在这个社会里面，明白了和经历过很多的我们，希望那就是爱情。

北京，是乐小北心里的一个梦

乐小北坐在校园里的绿荫下，对面是操场，一群男生在吵吵嚷嚷地踢着足球。乐小北拿着英语书，饶有兴致地看着他们。

可是，人是陌生的，校园是陌生的。刚到这所学校的乐小北，像只受伤的小兽，总是悄悄地躲在角落里什么也不做。她不喜欢这座城市，她觉得自己没有办法融入这座城市里来。

对她来说，只有北京才是她心里的一个梦。她想去看那里的故宫，想去看夕阳映照在琉璃瓦上反射出的金色光芒，想看看那个有着深厚文化底蕴的城市，到底是个什么样子。

搬入新家的乐小北，房间里挂着一张大大的中国地图，是爸爸买来让乐小北好好学地理的。爸爸希望乐小北也能对地理产生浓厚的兴趣，以后像他一样，为地质工作做出贡献。可是小北是不会愿意听从父亲安排的，她是个用点儿叛逆的女孩子，从小就是。乐小北的地图上，北京被用红笔画了一个大大的圈。圈住它，它就不会跑了。乐小北这样想。

有人远远地喊乐小北。“小北，快过来看，栀子花开了……”是莫聪。乐小北远远看过去，莫聪站在操场对面的玉兰树下，歪着脑袋，正冲她笑。

乐小北扔下英语书就朝对面跑了过去。不是因为坐在这里看英语很无聊，也不是因为莫聪的笑有多迷人。最最重要的是，对于一直生活在北方的乐小北来说，栀子花开，是一件多么奇妙的事情啊。

银川，是乐小北梦的开始

初一那年，乐小北随爸爸来到了银川。那是乐小北第六次搬家，她在自己的地图上，又多画了一条横线。乐小北总是跟着爸爸来回地跑，大多都是西北的一些城市。

第一次去学校，陌生的乐小北迷了路，站在陌生的教室门口不知所措。教室里都是高年级的同学，大家都在冲她笑，有的还在吹口哨。乐小北着急地要哭了。

这时，一只陌生的手牵住了她的手。抬头看，是高自己两个年级的学长。高高的个子，穿着白衬衣，风吹过来仿佛扬起的帆。学长低头微笑，温和地问她：“你是哪个班的？我带你过去。”

于是，就这样任由学长带领着去自己要去的地方。一路上，乐小北什么都听不到，只能听到自己静静的呼吸声，还有风吹过时，白衬衣细微的声响。从侧面看过去，学长的睫毛很长，微亮光线中勾勒出的细致轮廓，仿佛是画像。

从此便经常会看到周锐学长的身影。周锐是学校的风云人物，不管是在篮球场，还是在月度报告会上，都有大批的粉丝追随。乐小北也一样，默默在一旁为学长加油。

初一那年结束的时候，是6月，槐花开了满城。周锐学长在台上作报告，给台下的学生作学习心得报告，优秀的他要去北京读高中了。

就是那晚，乐小北在自己的地图上，郑重地在北京上画了一个大大的圈。来不及难过，爸爸又一次调动工作了，乐小北随着父母，来到了长沙。

可是她一直都记得，北京是她的梦，银川是她梦的开始。

长沙到北京，15个小时的路程

乐小北坐在操场边上写信给周锐学长。

“学长，最近好吗？很久没有给你写信了，最近有很多事情。因为刚刚到这个学校，一切对我来说都很陌生，不过没关系。莫聪是我在这个学校的第一个朋友。很有趣。他带我去看了栀子花。你见过栀子花吗？白色的，特别好看。下次有机会带给你看。”

地图就摊在乐小北身边的草地上。长沙到北京，中间是一条长长的线，

T2 次空调特快，是 15 个小时 4 分钟。在地图上，它们是多么遥远的两个点。

其实乐小北想说，北京那么大，中国那么大，世界那么大，还能再见到学长吗？

莫聪又在对面喊乐小北了。每次乐小北坐在操场上想心事的时候，莫聪总会莫名其妙地出现。这次，莫聪在对面喊：“乐小北，快点儿，马上要考试了……”

乐小北把信和地图小心地装进书包里，然后就朝对面跑去。差点儿忘记了今天的数学考试，还好有莫聪提醒。

乐小北的心里，有一幅秘密地图

每个人都有秘密。年少女孩的秘密，是一只微甜而芬芳的苹果。

莫聪和乐小北一起回家。上次的数学考试，乐小北又一次没及格，莫聪忙着安慰乐小北，可是乐小北却一脸无所谓地看着莫聪。

莫聪试着说：“要不，下次我帮你辅导吧。”乐小北摇摇头。莫聪又说：“以后考试的时候我传小字条给你？”乐小北还是摇摇头。莫聪挠挠头，说：“你别总是一个人待着了，多孤独啊，我看着都心疼了。”

这次，乐小北没有再摇头。她看着夕阳下莫聪的脸上镀着一层金色，突然就笑了。乐小北认真地说：“你很优秀，可是，谁也不能取代谁。”

就像周锐学长，就像北京，就像自己，就像长沙，谁也不能取代谁。

“我没事，快回去吧。”乐小北推推莫聪，然后快步跑进了回家的巷子。

确定身后已经没有人了，乐小北才停下脚步，厚重的呼吸声终于慢慢地平缓了下来。

没有人知道，明天，她会不会再去别的城市，会不会再遇到别的人。也许是武汉，也许是乌鲁木齐，还有可能是西藏。乐小北突然为自己有一个做地质工作的爸爸而骄傲起来，不断地搬家，不断地去很多城市，未必是件坏事。她的青春会比别人的更丰富。

只有乐小北知道，她是不可能再见到周锐学长了。她的那些信，不过是她心底的秘密，是她自己写给自己的，她没有学长的地址，也不会去寄那些信。

乐小北心里的秘密地图，银川、北京，还有长沙，是一个大大的三角形。每个城市她都喜欢。北京依然很吸引乐小北，因为那里有故宫，因为那里有漂亮的琉璃瓦，因为那里有深厚的文化底蕴，却不再仅仅是因为有周锐学长。

进家门前，乐小北悄悄将数学试卷揉成一团扔进了垃圾箱。明天记得找莫聪辅导数学题。这样想着，乐小北左脚已经跨进了家门。

她知道，她会慢慢地长大。

巴山夜雨，夜话眷念。涉水而过的青春，我们不曾珍惜，肆意挥霍。青春是一种孤独，漫过心中的孤寂，蔚然成冰，冻结在心底，不敢触及。但是你不可不承认的是，青春才是一生最曼妙的音符。走过雨季，你的勇气还剩多少？你被淋湿的心，是否还能燃烧起激情？

励志篇

照亮人生 的梦想

人生不能没有梦想，
没有梦想的生命是死寂和黑暗的沙漠。

把握最重要的时刻

对于我们每一个人来说，生活中最重要的事情，不是每天遥望憧憬不可知的未来或者反思昨天，而是动手清理手边那些细小碎屑的实实在在的事。把握今天，即使今天遭遇困境，但是与其抱怨苛责，莫若看看你还能干什么。西方有句谚语：条条大道通罗马。

1871 年的春天，英国蒙特瑞综合医科学校的学生威廉斯勒对人生中的许多问题充满困惑，他不明白应该怎么处理远大的理想和具体的身边小事，一个人应该有怎么样的做事态度才能成功，但对手边的小事又觉得没有什么意义，他甚至以为现在的学校生活枯燥乏味，没什么值得去用心的，因而他的成绩也每况愈下。他找他的老师探讨这些困难的人生问题。他的老师推荐他阅读哲学家卡莱里写的一本哲学启蒙读物，老师说，他的书里或许有答案帮助你解决问题。

威廉斯勒是一个意志很坚定的青年，他一向不崇拜大人物，更不相信所谓的名人名言，对许多问题一向有自己独到的见解。但既然是老师推荐，他想或许真的有用。他拿过书漫不经心的浏览起来。

突然间，书中的一句话让他眼前一亮：“最重要的，就是不要去看远方模糊的未来，而是动手清理手边实实在在的最具体的事情。”

他恍然大悟：是啊，不论多么远大的理想，都需要一步步实现啊；

不论多么浩大的工程，都需要一砖一瓦垒起来啊。

他明白了，他的困惑解决了，他终于找到了人生的答案。他知道，那些远大的理想，应该让他们高悬在未来的天空里，最紧要的，是把手边的每一件具体事做好，让自己时刻生活在今天。

也就是从那一天开始，1871 年春天的一个下午，年轻的威廉斯勒开始埋头读书，因为他知道这是他目前最紧要的事情，他要把自己的成绩搞上去。半个学期以后，威廉斯勒就一跃而成为整个学校最优秀的学生。

两年以后，威廉斯勒以全校最优异的成绩毕业。毕业后来到一家医院做医生。他认真对待每一个患者，对每一次出诊都一丝不苟。兢兢业业的态度和精益求精的精神，使他很快成了当地的名医。

几年以后，他创办了约翰·霍普金斯学院。他把自己的人生态度贯彻到每一个细节里。许多专家学者慕他之名来到他的学院工作，使他的学院很快成为英国乃至世界最知名的医学院。

威廉斯勒成功以后经常被邀请到耶鲁大学演讲，在演讲中他告诫学生们说：他之所以成功，是因为“他活在完全独立的今天”。他还说，“要把未来和昨天关在门外，未来就在于今天，最重要的是把你手边的事情做好，这就足够了。”他正是靠着这两句话，精心地做着自己的事情，不仅成为那个时期最著名的医学家，还成为牛津大学医学院的钦定讲座教授，被英国国王授予爵士爵位，这是那个时代学医的英国人所能够获得的最高荣誉。他去世以后，人们需要用 1466 页的两大卷书才能够记述他传奇的一生。

世界上最有名的媒体《纽约时报》的总裁苏兹伯格也曾经遇到过同样的问题。年轻的时候他得了棘手的结肠痉挛病，这种病痛令人难以忍受，他的身体几乎就要垮掉了。引起病症的原因很简单，他在步兵师担任士官，工作职责就是建立和维持一份在作战中战死的人员记录，收集他们在战场上遗失的东西，并准确把物品送到死者的家中。由于每天接触无数的战死的人和他们的家属，每天都要面对那些几乎千篇一律无序杂乱的繁琐的细碎的工作，他变得烦躁异常，并开始担心自己哪一天死去，回不了自己的故乡，见不到16个月的儿子。日积月累，他的神经开始高度紧张，继而发展成结肠痉挛病。

他被送进了医院。一位军医在检查了他的身体之后告诉他：你的身体没有什么不好，你的问题纯粹是精神上的，我建议你把自己的生活想象成一个沙漏，沙漏的上一半装满了成千上万的沙子，而沙漏一次只能漏下一粒沙子。我们的生活就如这个沙漏，我们每天早晨都会发现自己一天当中有很多事情要做，但是，我们一次只能做一件事情，就如同只有一粒沙子通过沙漏底部的缝隙。

从那以后他明白了，他每天不论面对多么复杂碎屑的工作，都时刻想到那个沙漏："一次只能流过一粒沙，事情一个个地做。"

这个重要的人生哲学很快融入到他的生活当中，成为他处理一切问题的准则。战争结束以后，他到了《纽约时报》，这个工作方法和人生态度，让他几乎在任何一个岗位上如鱼得水，最终做到了媒体的总裁。

我们每一个人都生活在一个点上，这个点就是今天的身边的时刻，过去了的昨天与没有来到的未来都与我们没有关系，如果我们做好了此刻的这一件事情，把昨天和未来关在门外，我们就拥有了人生的全部了。

一句话的力量

一旦你产生了一个简单的坚定的想法，只要你不停地重复它，终会使之成为现实。提炼、坚持、重复，这是你成功的法宝；持之以恒，最终会达到临界值。

——杰克·韦尔奇

在我们每个人的成长道路上，在某个关键时期，总会出现一个关键性的人物。这个人或许是你的父母，或许是你的老师或朋友，或许是你的恋人。他所说的看似普通的一句话，却会让你牢记心中，永生不忘。普通人是这样，那些成功人士也不例外。

“总有一天你会明白，仁爱比聪明更难做到”

全球最大的网上书店亚马逊公司的总裁杰夫·贝索斯小时候，经常在暑假随祖父母一起开车外出旅游。

10 岁那年，贝索斯又随祖父母外出旅游。旅游途中，他看到一条反对吸烟的广告上说，吸烟者每吸一口烟，他的寿命便缩短两分钟。正好贝索斯的祖母也吸烟，而且有着30年的烟龄。于是，贝索斯便自作聪明地开始计算祖母吸烟的次数。计算的结果是：祖母的寿命将因吸烟而缩短16年。当他得意地把这个结果告诉祖母时，祖母伤心地放声大哭起来。

祖父见状，便把贝索斯叫下车，然后拍着他的肩膀说：“孩子，总有一天你会明白，仁爱比聪明更难做到。”祖父的这句话虽然只有短短的19个字，却令贝索斯终生难忘。从那以后，他一直都按照祖父的教诲做人。

“回去勇敢地面对他们，我们家里容不得胆小鬼”

美国前第一夫人希拉里·克林顿在4岁的时候，她家从外地搬到芝加哥郊区的帕克里奇居住。来到一个新环境后，活泼好动的希拉里急于交上新朋友，但很快她就发现这并非易事。每当她到外面去玩耍时，邻居的孩子们不是嘲笑她就是欺负她，有时还将她推来推去或将她打倒在地。每当这时她都会哭着跑回家去，再也不出家门了。

希拉里的母亲静静地观察了几周后，终于有一天，当希拉里又一次哭着跑回家时，母亲站在门口挡住了她的去路。母亲大声对她说：“回去勇敢地面对他们，我们家里容不得胆小鬼。”希拉里只得又硬着头皮走出家门，这让那些欺负她的孩子大吃一惊，他们没料到这个小丫头会这么快又回来。在以后的岁月里，每当遇到困难与挫折时，希拉里都会鼓起勇气，大胆地迎接挑战。

“你可以失去你的财富，但是你决不能失去你的性格”

原美国布朗大学校长，现任卡内基基金会主席瓦尔坦·格雷戈里安的童年十分不幸，在他 6 岁的时候，他的母亲便因病去世了。是他的祖母在伊朗的山区将他带大的。

格雷戈里安的祖母也是一个很不幸的女人。由于战争和疾病，她失去了所有的孩子。虽然命运对她十分不公，但她并未因此失去对生活的信心。

为了让格雷戈里安从失去亲人的阴影中走出来，健康快乐地成长，祖母经常教导他说：“孩子，有两件事一定要记牢。第一是命运，那是你无法控制的；第二是你的性格，那可是在你掌握之中的。你可以失去你的美丽，也可以失去你的健康和财富，但是你决不能失去你的性格，因为它是掌握在你自己手中的。”祖母的这句话在格雷戈里安的成长道路上，起到了十分关键的作用。

“如果有什么事情值得去做，就得把它做好”

沃尔特·克朗凯特是美国著名的电视新闻节目主持人，他从孩提时代就开始对新闻感兴趣。并在 14 岁的时候，成为学校自办报纸《校园新闻》的小记者。

休斯顿一家日报社的新闻编辑弗雷德·伯尼先生，每周都会到克朗凯特所在的学校讲授一个小时的新闻课程，并指导《校园新闻》报的编辑工作。有一次，克朗凯特负责采写一篇关于学校田径教练卡普·哈丁的文章。

由于当天有一个同学聚会，于是克朗凯特敷衍了事地写了篇稿子交上去。第二天，弗雷德把克朗凯特单独叫到办公室，指着那篇文章说："克朗凯特，这篇文章很糟糕，你没有问他该问的问题，也没有对他做全面的报道，你甚至没有搞清楚他是干什么的。"接着，他又说了一句令克朗凯特终生难忘的话："克朗凯特，你要记住一点，如果有什么事情值得去做，就得把它做好。"

在此后七十多年的新闻职业生涯中，克朗凯特始终牢记着弗雷德先生的训导，对新闻事业忠贞不渝。

"只管去干活就行了，然后拿着钱回家来"

托妮·莫里森是美国著名黑人女作家，1993 年诺贝尔文学奖获得者。在莫里森的少年时代，由于家境贫困，从 12 岁开始，每天放学以后，她都要到一个富人家里打几个小时的零工。一天，她因工作辛苦向父亲发了几句牢骚。父亲听后对她说："听着，你并不在那儿生活。你生活在这儿。在家里，和你的亲人在一起。只管去干活就行了，然后拿着钱回家来。”

莫里森后来回忆说，从父亲的这番话中，她领悟到了人生的四条经验：一、无论什么样的工作都要做好，不是为了你的老板，而是为了你自己；二、把握你自己的工作，而不让工作把握你；三、你真正的生活是与你的家人在一起；四、你与你所做的工作是两回事，你该是谁就是谁。

在那之后，莫里森又为形形色色的人工作过：有的很聪明，有的很愚蠢；有的心胸宽广，有的小肚鸡肠。但她从未再抱怨过。

在一个人面对歧途，被寒言冷语包围的时候，一句关怀、呵护和鼓励的话，就像一团燃烧的火，它能给人以温暖，点燃人内心深处自信和自尊的火焰，使人重生努力奋进、积极向上的力量；在一个人身陷绝境，茫然四顾辨不清方向的时候，一句点拨、抚慰和欣赏的话，恰似一盏指路的灯，可以让人在黑暗中看到前路的光明，从而冲破阴霾和迷雾，走出困境。

17 岁的千万富翁

当我 15 岁那会儿，我还是很幼稚，当李嘉诚旗下公司打我电话时，我居然问他们什么时候见面——是上学前还是放学后。

——尼克·阿洛伊西奥

尼克·阿洛伊西奥，一个普通的 17 岁小伙子，邓文迪、小野洋子和李嘉诚是他的投资人。如今，他以千万美元的价格卖掉了自主开发的 App 程序。

1994 年雅虎创立时，这位名叫尼克·阿洛伊西奥的编程界魔法师还没有出生。如今，他将自己开发的新闻阅读应用 Summly 卖给了雅虎，据说成交价是 8 位数计的美元。

这款称为 Summly 的应用能将文本自动缩减 1000 个字符、500 个字符，或者是适用于 Twitter 的 140 个字符。

当年，这项应用下载突破 30 万次后，很快就引起了李嘉诚旗下风投公司的注意，在阿洛伊西奥 16 岁生日那天，他从李嘉诚那里得到了 30 万美元。

“15 岁那会儿，我还是很幼稚，当李嘉诚打电话时，我居然问他们什么时候见面——是上学前还是放学后。”没多久，阿洛伊西奥相继获得了包括邓文迪和日裔美籍艺术家列侬遗孀小野洋子等多位名人的支持。

“15 岁那年，与其说他们给我投资，不如说是在我身上下赌注。”阿洛伊西奥说。当时，拿到投资，他才能租用办公地点、雇用员工。

阿洛伊西奥说：“因为这是我的第一次，大家只是想帮帮我。”

如今，赚到钱的阿洛伊西奥最想做的事就是买一个新的双肩包。

“我的双肩包成为推特上的热议话题，难以置信。我的旧包坏了，它有年头了，带子也断了。”阿洛伊西奥笑着说，“有人问我，拿到了这么多钱，打算买点什么庆祝一下，但思来想去我只想要一个男士背包。”同其他伦敦的孩子一样，他还想要一双耐克训练鞋，外形美观是第一位的。

人们称赞阿洛伊西奥时，总会强调他的年龄，他身上打着“神童”之类的标签。当阿洛伊西奥 5 岁的时候，他就对太阳系、银河系以及星座非常着迷；6 岁时他就开始阅读大学天文学课本，盯着星星点点的天空，“那里完全没有光污染。”他回忆说。他还研究过卡特彼勒卡车，用复杂的动画软件 Maya 制作过 3D 动画电影，对火车模型也很着迷。9 岁时他有了自己的苹果电脑，10 岁时因为想仿制电视节目，开始尝试使用视频编辑程序。她的母亲接受采访时笑着说，儿子的成功有她和她丈夫的支持，她从来不担心他在电脑上花费的时间，“因为他总是向我们展示他在做什么，我记得他 10 岁的时候在他的电脑上创建 3D 模型”。12 岁那年，他就鼓捣出了自己的第一个应用，是一个“手指跑步机”。

当他发现任何人都可以为 iPhone 开发应用后，他下载了苹果的软件开发套装，又从亚马逊买来数本参考书，开始学习编程，并根据自己的实验不断调整编程方法。他又自学了人工智能软件的基础编程技术，借此开发 Facemood 应用，其功能是通过监测好友的 Facebook 状态，判断其情绪。

即便早早跨入名人行列，阿洛伊西奥平时依旧是一副学生模样，打橄榄球和板球，与女朋友约会。既不是传统的计算机书呆子，也不是被捧成“天才少年”的自大狂，他礼貌、可爱，且谦逊。前往韩国、美国纽约和中国香港出差时，阿洛伊西奥的母亲也是陪伴左右。

如今，跻身《福布斯》杂志“全球 30 岁以下的 30 位最值得关注的企业家”名单的阿洛伊西奥很感兴趣天使投资；他也在考虑将 Summly 的技术应用到新闻之外的层面，包括维基百科、书籍、博客。但他还是个高中生，一个希望将来能去牛津读哲学，而非计算机的高中生。

“我还有一年半才能高中毕业，”他在一次电话采访中说，“我需要在伦敦的雅虎办公室安排学校的考试科目，因为公司规定，员工不得在家办公。”

出门要趁早，有梦想就要尽快去追寻，莫等得白了少年头。年轻时，我们的思维更活跃，对事业更有激情，同时也更有本钱去拼。年老时，身体、心理都跟不上时代的步伐，心有余而力不足。值得注意的是，每一件与众不同的东西，其实都是以无比寂寞的勤奋为前提的，要么是血，要么是汗，要么是大把的曼妙时光。

谁会放弃 5000 万

一个人、一个企业要想成长，一个民族、一个国家要想进步，都必须要确立一个远大的目标。当人们的行动有了明确目标的时候，并能把行动与目标不断地加以对照，进而清楚地知道自己的行进速度与目标之间的距离，人们行动的动机就会得到维持和加强，就会自觉地克服一切困难，努力到达目标。

2006 年春，斯坦福大学学生凯文·塞斯特洛姆被好运撞了腰。那天，他像往常一样来到帕罗奥图市郊区的咖啡厅打零工，正在替客人泡制咖啡，有位帅小伙从身后拍了拍他的肩，说：“我想请你去隔壁酒吧坐坐，顺便谈点事。”

塞斯特洛姆一眼就认出对方是新近声名鹊起的青年企业家，被誉为“盖茨第二”的脸谱社交网站创始人扎克伯格。他笑着拒绝：“我还在上班呢。”扎克伯格递过一张名片说：“我急需像你这样的图片处理高手帮忙。如果你现在就辍学去我那里，作为回报，我将分给你脸谱公司 10% 的股权！”

塞斯特洛姆怔住了：“可我目前还不想放弃学业，更重要的是，我舍不得这里的咖啡。为了能来这里喝上一杯，我每天都来干满两小时。”扎克伯格一言不发地走了，塞斯特洛姆悠闲地坐下，一口接一口地浅饮着咖啡。

事实上，这不是塞斯特洛姆初次对邀请自己加盟的老板说“不”，只是这次他面对的老板相当“牛”，所拒绝的价码也相当高。以当时脸谱的市值估算，10% 股权至少价值 5000 万美元。为一杯咖啡，谢绝这样的好机会，周围人都说塞斯特洛姆太傻。

作为网络高手，塞斯特洛姆从小就表现出超常天赋。12 岁起，他就常跟好友在网上搞恶作剧，通过各种应用程序控制他人的鼠标，迫使他人下线。为了提升计算机技术，他立志要考取斯坦福大学。如愿以偿后，他白天选修编程课，夜晚学习网站开发知识，甚至不惜远赴意大利攻读摄影学，系统地进修摄影技巧、图片处理、升级上传等知识。在暑期，他进到专业网站实习，跟随一批优秀工程师开发应用程序，推出大学网站、兄弟会图片网站等，引起了巨大反响，吸引了包括扎克伯格在内的众多网站创业者的注意。

一封封邀请信纷至沓来，可塞斯特洛姆不为所动。他似乎真把咖啡视为不可或缺，除了专注于网络技术，便是到咖啡厅打工，来换取一杯热咖啡和零用钱。

到了大四，他幸运地获得了在微软、谷歌做兼职的机会。可是没多久，因为不能接触实质性计算机技术，他选择离开，进入一家很小的社交旅游指南网站做编程员，可以不用坐班，在咖啡厅开发电子邮件营销程序。在喝着咖啡工作时，他发现了自己想实现的东西：一种能将摄影技术、地理方位、社交游戏结合起来的新型网站。在风险投资公司的帮助下，他创办了公司。

当上了老板，塞斯特洛姆仍旧常去咖啡厅，在那里开发软件，顺便结识更多志同道合的人。不久，他遇上同样热衷研究照片处理软件的技术开发师克瑞格。两人一拍即合，苦心钻研半年后，推出了首款具有照片分享功能的 Instagram 软件，22 个月内就吸引了 8500 万用户，且每秒还有 6 个新用户在申请。

扎克伯格担心该技术被其他网站先应用，将影响脸谱的人气，于是再也坐不住，斥资 10 亿美元收购了 Instagram。这下子，就让塞斯特洛姆的个人财产上涨到 4 亿美元。

人们这才明白，当年塞斯特洛姆拒绝扎克伯格，并非舍不得咖啡。“在一家创业公司赚大钱，哪能够长久？肯定不是靠谱的事。”塞斯特洛姆说，“我之所以放弃那次机会，是自己还有更大的想法，有更要紧的事做。”

谁会为了一杯咖啡，放弃唾手可得的 5000 万美元？塞斯特洛姆这个“傻不愣登”的家伙会，因为他要用喝咖啡的时间，想清楚下一步要怎么做。不是所有天上掉下的馅饼都值得忘乎所以地伸手去接，比馅饼更珍贵的，是眼中的万里平川和心底的万两黄金。

清洁工的改变

你是满足现状，还是想做出改变？改变最难的一步就是采取行动并坚持下去。如果你在过去尝试着改变但以失败告终，不要放弃。你还可以改变，让你的生活变得不同。

他是一个路牌清洁工，每天早上七点出门，穿着蓝色的工作服和雨鞋，带着蓝色的梯子、桶、刷子、抹布……多年来他都负责同一条路线，以音乐家与作家为名的街区，例如贝多芬大道、肖邦广场、莫扎特路等，清理完这些道路，他的工作就完成了。清洁路牌并不是一件简单的事情，但他是一位认真的工人，他负责的路牌不只干净，而且像新的一样。他喜欢自己的工作、喜欢所有的街道与路牌。

有人问他："生活中有没有什么想要改变的呢？"他大概会回答："我什么都不想改变。"可是有一天他听到一个小孩对他妈妈说："妈妈，这是格卢克路。"他妈妈说："没错，格卢克是一位作曲家，他想出很多新的旋律，这条路就是用他的名字取名的。"清洁工目瞪口呆地望着这一幕，心想："我对格卢克的了解竟比小孩子还少。我每天面对这些人名，却一点也没有概念。我不能再这样下去了。"他决定改变，五点钟一下班，他便骑着脚踏车狂飙，急忙跑回家去。

猜猜看他要做什么。

他开始认识与研究路牌上的音乐家与作家：看报纸查询、听音乐会，他的生活开始改变，从那时候开始，他晚上常常待在客厅听音乐，这些过世已久的音乐家，似乎已经变成他生活中的朋友。认识完这些音乐家后，他决定要认识其他的作家。他决定到图书馆找资料。就这样过了几个星期，清洁工渐渐喜欢上了阅读，虽然有些句子看不懂，但他会一遍又一遍地阅读，直到看懂为止。渐渐地，他与图书馆的人员都越来越熟悉了。他对同事说：“可惜呀，我没有早一点开始看书，我错过了好多东西哦。”

渐渐地，当他开始熟悉这些作品后，他会在工作中背诵自己喜欢的文字给自己听。于是他就洗洗路牌吹吹口哨，洗洗路牌念念诗词、说说故事。路人听到的时候，会停下来，目不转睛地望着蓝色梯子上的清洁工，好奇地想着：“清洁工？音乐家？作家？”大家的想法都是：有一种人是专门做清洁工作的，叫做工人。另一种则是研究诗歌或音乐的，叫作有学问的人。现在竟然有人可以同时做两件事情，这真是彻底改变了大家的想法。

一年一年过去了，当清洁工研究完所有的书籍后，他也老了。在工作的时候，还是习惯讲一些有关文学与音乐的故事给自己听。那天，清洁工依然对自己讲故事，有一家人就站在蓝色梯子下面，被他的故事所吸引……后来人越来越多。第二天一早，民众就在巴哈路等他，清洁工紧张得不得了，但当他开始擦拭路牌时，又开始讲起故事来。等他擦完最后一个路牌，所有的人为他鼓掌喝彩，口中赞叹不已。但清洁工却不知所措地逃开了。后来听他演讲的人越来越多，他也开始为自己的登场做准备，渐渐地习惯了这一切。

但有一天，他的生活又改变了，电视节目《人物你我他》到现场采访，当电视播出后，他一夕成名。他的生活变得乱七八糟，有人向他要签名，有人邀请他到大学演讲。邮件如雪片般地飞来。可是清洁工决定放弃这大好的机会。“我是平凡的人，”他回信说，“我比较喜欢整天擦路牌。至于演讲，那只是我的消遣而已，我可不想当老师，因为我一定会想念我原来的工作，向您致以我最高的敬意。”于是他就这样始终如一地做一个“路牌清洁工”。

他，不只擦亮了路牌，也擦亮了自己的生命。

美国著名心理学家马斯洛曾说：“心若改变，态度就跟着改变；态度改变，习惯就跟着改变；习惯改变，个性就跟着改变；个性改变，人生就跟着改变。”改变自己，从今天开始。每天进步一点点，你的生命将因改变而精彩，整个世界将因你而光明。

人与人之间最大的差别

苏格拉底布置了一道作业，让他的弟子们做一件事，每天把手甩一百下。一周之后，他问有多少人在坚持，百分之九十的人都坚持做了。一个月后，他又问，但是只有一半在坚持。一年后，他再问，只有一个人还在坚持。那个人就是柏拉图。

闺蜜，26 岁，香港读博。高中时相识，一年后我读文她读理。文理的成绩无法准确对比，但从班级排名来说，她是不如我的，虽然刻苦程度我远不如她。自此认为，我的智商比她高。高考她上了二本的院校，那四年回我短信通常在凌晨之后，那个点她刚刚上完自习。

三年后考研，去了北京交大，好几次打电话都说学多了胃不行，总吐。研二去了香港，成了我身边最年轻的一位女博士，每月奖学金折合人民币一万四。高中的青葱岁月，我们每天一起回家。高中后这七年多的时间里，虽然联系没断，我们的见面次数却不超过七次，原因很简单，她在学习，在准备建模比赛，在上英语辅导班，在备考，没有时间。虽然直到现在我还是认为自己智商比她高，但她的经历告诉我，人与人之间最小的差别是智商，最大的差别是坚持。

大学校友，一个和我同届学新闻的姑娘，很有女孩子特质，纤细娇小，说话细声细语，是那种我见了都想去保护的人。大四那年她和很多同学一起去电视台实习，一年多的时间里工作苦压力大，电视台不支付工资，也没有是否能留下来的承诺，所有人都放弃了，只有她没有离开。她说这是个只要你拼命不会不出成绩的岗位。她现在工资全组最高，年薪让我羡慕得眼冒金星，可透过数字我能猜到这个外表柔弱的姑娘每天比别人多做了多少工作。

打球时崴脚，她一个人去医院看，又一个人单腿蹦回自己四楼的家；加班到半夜是常事，她就在包里装着有电棍功能的手电筒防身。说这些时她云淡风轻，我却想象着如果发生在我身上，每一件都足以让我哭泣自怜，祥林嫂般向别人倾诉许多天的。她照顾妹妹，自己供房贷，跟师傅学煲汤，和同事打球，同朋友爬山，每天的生活也丰富而多彩。前不久参加她的婚礼，看着外表依然弱弱地她，知道内心坚强又坚持的她一定会幸福。

高我两届的一位师兄，大学上课前为每一位教他的老师主动搬座椅，搬了整整四年。平时成绩占我们学科总分30%的比例，因为他的这一举动，所有任课老师都认识他，想必成绩上都有所优待。不是说他的行为功利化，只是觉得，即便抱着功利的目的，能四年如一日地为老师搬座椅，也足够令人钦佩，至少我坚持不下来。

上学时他是学校的贫困生，毕业后娶妻、生子，工作之余还出了本书，现在业余做电商，过着富足的小日子。去年我来石家庄时他请我吃饭，听他讲对未来生活的设想，我毫不怀疑他能实现。

我以为我受了很多苦，但是我不知道有那么多难受的人宁愿咬牙也要坚持走下去的感觉。反思自己，没有用尽全力去做一件事情，没有倾注身心去爱一样事情，更没有孤注一掷坚持过。作为拖延症重度患者，最近我体内的懒惰小孩快要将勤奋的小孩打死了。死前，勤奋小孩说，如果我们的生命不为自己留下一些让自己热泪盈眶的日子，你的生命就是白过的。

世界上只有一种失败，那就是半途而废。不要觉得为什么别人可以玩乐，自己却要对着课本，因为是你对自己负责，而不是他们；不要觉得每天6点睡深夜入睡很简单，有的人这样坚持了几个月，甚至一年，就是为了实现心中的梦想。任何事情一次都是很简单的，只有意志强大内心有梦想有信仰的人才能坚持到最后。

照亮人生的梦想

人生不能没有梦想，没有梦想的生命是死寂和黑暗的沙漠。怀揣梦想，勇敢地实现梦想，让梦想照亮人生之路，去开拓阳光灿烂、鸟语花香的绿洲，人生便异彩纷呈而了无遗憾。

环游世界，成为一个旅行家就是我的梦想，而现在，我成了一个职业旅行者。可能有人会问，旅行怎么也能当职业？这工作一定很棒，成天就是玩儿。

其实我也是糊里糊涂入了这行。大学本科毕业时，我第一次背包旅行，来到了广西阳朔。

我学的是国际贸易专业，在刚开始的几年里，我干了 8 份完全不同的工作，有海运销售、IT 技术、杂志编辑、电视策划、夜总会市场宣传等。每份工作刚干到三个月的时候，我的心就已经特别不安分了。

我很容易和旅途上遇到的人打成一片。在旅途中，我永远用真面目、真性情示人，对万事万物都充满好奇。当时我就在想，如果旅行可以变成职业，我一定能比任何人都干得出色。我开始跟杂志社合作，我觉得自己能写能拍，虽然我没有作家的文笔，但是我能记录下旅行中的瞬间感动；虽然我没有摄影师的技术，但是我拍的照片足够快也足够近，是一种和专业摄影师截然不同的角度。那段时间，国内所有的旅游杂志和报纸，几乎都发表过我的文章。我的收入和旅行费用的支出可以打个平手。可在那个阶段，我仍在职业旅行的道路上摸索。

真正的人生转折发生在2008年，我已经独自旅行了7个年头，对当时的我来说，坚持还是放弃，是一个严峻的问题。于是我一个人去了老挝的孟威村，那个村子在湄公河的旁边，没有电，没有手机信号，没有网络，也不通公路。我每天的生活就是和当地的孩子们一起捕鱼，游泳，有时画画，有时看书。

住了半个多月，一天早晨，我发现自己的钱包里少了300美元，然后发现竟然是我住的那家客栈的老板偷的。我跟她理论时，她已经变得歇斯底里，她老公从后院抄起一把砍竹子的砍刀对我说，我要杀死你。后来，虽然我换了另一家客栈，但毕竟还在那个村子里。我就想如果他们纠集一些亲戚，想把我弄死的话，那么我就消失了，没有人知道我曾经来过这里。直到第二天黎明，看到窗外的淡蓝色天空，我才如释重负。

后来我又坚持了几个月，在当年九月，随着我在旅游圈里的名气越来越大，开始邀约不断。但那还不是一种理想化的状态，因为那种邀请都是要有回报的，而且旅行起来也不像自己一个人时那么轻松自在。再然后，我的第三本书《背包十年》成为最畅销的旅行类书籍，至今已经加印24次。这本书的成功让我一下子又回到了最初的旅行，就是想去哪儿就去哪儿。

“理想是我们本来就能干成的事，梦想比理想高了一点远了一点，得跳起来才能够得着，太高太远的就是幻想。只有梦想才会让我们挖空心思，拼尽全力，把潜能发挥到最大，可能这时我们都已经不在乎够不够得着了，我们在乎的只是去奋力起跳……”

到今天我已经成为一个职业旅行者，现在旅行不仅可以良性循环，还能获得不错的收益。如果我只把旅行当成一份工作，我不会在零下 30 度的黑夜拍极光，还熬走了那些最耐寒的日本摄影师，我想支撑我的不仅是对一份工作的热情，更是一种信仰。而我的信仰就是，一个分享者，把我所见所闻所想的世界分享给因种种原因无法出门远行的朋友。我的信仰是成为一个梦想的传递者，告诉那些走在我身后的年轻人。

每个人都需要微光指引，它是我们的路，我们的方向，它引领我们穿越茫茫黑暗，穿越墨守成规，穿越平淡过往。

对我而言，那束微光，就是梦想。

人生就像我们需要完成的那幅画，梦想便是那画的“灵魂”。每个人都在创作自己的人生，追求梦想的脚步不要停歇。只有勇敢地去追求梦想，才能让梦想为人生画作着上亮丽的色彩，才能让梦想照亮每个人的人生之路。

凤凰男的奋斗

知道张译的人，都会纳闷他怎么会是演员，又怎么会红起来？因为他的外形淳朴无心计，而且性格太过内敛。但就是这样，张译却用他精湛的演技，将那些小俏皮、小心思、真情流露处演绎得淋漓尽致。这个“小眼睛男人”用他稳稳地奋斗，终于赢得了众人的认可。

17 岁的张译骑了两个小时自行车，来到北京广播学院播音系。那是春天，风沙大，他的运动服迎风被吹成一团球。

他扒着窗户沿儿引体向上，透过玻璃看到学生在上课，“要是我当年考上了，坐这儿的不就是我吗？”

五分钟之后他下来了，到厕所撒了一泡尿，出来后感觉就不一样了：“什么广播学院，我也在你们这儿撒过尿了！”

没长相、穷

小时候，张译对丑没概念。小学四年级美术课，老师让全班同学轮流当模特，48 人里的 47 个都当了，只差张译。“你长得没轮廓。”老师说。“是这样吗？”体育课，张译低头看影子，看自己，又看看别人，“确实我的影子更猥琐一些”。

后来当了演员去跑剧组，他敲门进去递上资料，副导演把照片抽出来还给他，一句话没有。“凤凰男，说白了就是没长相的穷人。”张译说。

没长相、穷，对这两件事儿张译一直很有体会。

报考北京广播学院那年，张译高二，专业成绩播音考得不错，文化课却必须等到高三才有资格考。他听说有个叫薛佳凝的上海女孩有资格，对方长得很漂亮，当时总上《学生之友》封面，便找到她：“你好，你是薛佳凝吗？”

“你什么事儿呀？”女孩站在楼道台阶上，比张译高一头。“我没事儿，我就想问一下，那个艺术考试，你怎么高二就能考？”“我有上海户口，你有北京户口吗？”“我没有。”张译蔫了。

后来张译考上了哈尔滨话剧院，自费3万块。爸妈都是普通教师，家境并不宽裕，学费是从学生家长那儿借来的。

上学后看了很多话剧，张译开了眼界，“东北话不行，没文化，哈尔滨也不行，得到北京去。”抱着走的打算，他开始考战友话剧团，等消息的时候，哈尔滨团要交学费了。

4500块张译拿不出来，他每天上课最后一个来，下课第一个走，就为了逃学费。老师逮住他：“张译，咱得交学费呀！”“对啊！得交呀！下次，啊！下次！”等了6个月，逃了6个月，“没钱，哪有什么尊严可言！”

1997年考到了北京军区的战友话剧团，他第一个改的就是东北话。

“谁说东北话，谁就没文化！”有人问他哪儿人，他绝口不提“东北人”，“哈尔滨人！这听起来洋气多了”。

那时张译已经开始在外面配音、当群众演员了，回来的路上拾了一“翻盖手机”。

回到部队他犯难了，部队查得严，不让用手机，左思右想，张译把“手机”藏在厕所的马桶抽水箱上。

他担惊受怕了一周，瘦了10斤。好容易等到队长不在，关上门掏出来，大家抢着看，一不留神掉到地上，电池飞了出去。一个朋友先问：“这手机的电池也是圆的啊！”

另一个看看键盘，“这手机上也有加减乘除键啊！”“你们懂什么？”张译抢过来，又心疼又生气，“这是高级手机！”低头仔细一看：原来是个带盖儿的计算器，“当时我根本没见过手机”。

他没见过的太多了。

有一次，积了三四个月才发工资，拿到手是5600，张译拿上钱找到朋友，“把你那5600给我一下。”“干啥呀？”“你给我一下，我把俩放一起，摸摸一万块有多厚。”摸完后，张译把门关上，窗帘拉紧，问朋友：“你想知道什么叫下钱雨吗？”朋友还没来得及吱声，张译“哗”把钱往头上一撒，红红的钞票一张一张落下来，擦过脸庞有点痒，“那一分钟，一辈子忘不了！”捡钱时一查，少了两张，张译把柜子缝儿都找遍了，就是没有，出了一身冷汗，还差点儿病一场。

后来他恋爱了，对方是个外地女孩子。张译对她掏心掏肺地好，每天给她洗脚，洗完了揉：“我给爹妈能洗，给她咋就不能洗？”除了没下跪，什么都做了，他天天在厨房忙活，排烟罩上一滴油都没有，拿钢丝球把水壶都擦得锃亮。

太阳下山了，女孩进来靠在门口，看了一眼，“张译，你知道吗？”“啊？”张译正忙得一头汗，等着女孩夸她。“张译，你知道吗？男人不应该干这个的。”说完她走了，张译晾在那儿。

“给我财富、美貌，我一样让你离不开我”

《士兵突击》之后张译才知道自己红了。

刚红时他去健身，运动服外套件长大衣，手上拎一兜鸡蛋，邋里邋遢。“你是张译！”一个女影迷拦住他。“哎，我不是不是！”张译转身就走，“你别不承认啊！”女人追着跑，他一头撞树上，一兜子鸡蛋全碎了，蛋黄流一地。

参加华谊的活动，也有人认出他了，“你好！”一个漂亮女孩走过来，“我看过你演的《士兵突击》，很棒。”“是啊，我也看过你的戏，也很棒。”张译说。“你怎么认识我呢？”“我们见过。”女孩更惊讶了，

“哪儿见过？”“你上高二的时候，有个男生问你怎么考艺校，你说你有上海户口，问我有没有北京户口，我说没有。”“啊？那是你？”那女孩正是薛佳凝。

“真是有些世态炎凉的感觉呀，”张译说，“手机上几十年不联系的老朋友，一个个像雨后春笋那样冒出来了，那感觉真不好。”

好运让他从容，出名后他不自卑了。

现在，张译花钱手松了，人也松弛了，看到影子不低头了。“说我凤凰男就凤凰男吧，”他说，“这也没什么，给我财富、美貌，我一样让你离不开我。”

他说自己只是符合一般努力作用的结果，穷、没长相，这没什么可耻的。只是现在他再也不给女孩揉脚了，他往椅背上一靠：“男人不应该干这个。”

同时担纲两部电视剧的男主角，一开电视所有卫视上都是他那张脸。尽管嫌他丑的抨击声从没停止，但毕竟有人骂也是红的症候。他得得瑟瑟地说，恨不能回到从前，安安静静地看书。

打过德州扑克的人都知道，拿到牌之后，参与者是可以根据手里牌的情况选择“参与”或者“放弃”的。通常很多人一看手中的牌不好就选择放弃，这看似是“以小失换大稳”，其实结果可能是“求小败而弃良机”。没想清楚之前，请千万别轻易放弃手中所谓的“烂牌”，轻易选择出局不是证明你有多果敢的方式，选择去面对当下的境况才是勇气的表现。

放飞理想的翅膀

"玉不琢，不成器。"人天生就是一块璞，天然存在一些"瑕疵"，人的成长实际上就是一个在磨砺中不断完善的过程。这是一个漫长的过程，它需要我们轻装简行，放弃欲望，朝着最初的目标前进。唯有如此，才能迎来柳暗花明。

她自幼痴迷戏曲。

十三岁的时候，父亲托了人，送她到县剧团学戏。先是在团里干杂活，跑龙套，三年后才慢慢演上有名有姓的角色。虽然大多是一些小配角，可她心里却有一个绚丽的梦想——希望有一天能成为众人喝彩的主角，摘取省戏曲界的白莲花奖。

那时，捧回白莲花是每个戏曲演员的梦。

她刻苦地学戏，但演艺市场越来越低迷，剧团不得不解散。同事们都另择行当，唯她放不下对戏曲的热爱，又辗转加入邻县戏班，依旧以唱戏为业。那些年，只要能登上舞台，她从不在乎场地大小，听众多少，哪怕是在最偏僻的乡村，她一板一眼，一招一式，还是一样细腻，情感饱满。

她向着小小的梦想，不懈地努力，但常常又备感失落！因为别人的一声倒彩，因为希望的渺茫，她会失望叹息，甚至想到退缩；因为别人的一句夸赞，又会兴奋好久。一颗不淡定的心，就像吊在崖边的木桶，随风飘忽。

这让她感到很累！

第二年，省里举行戏曲大赛，她满怀希望去参加。赛场上，过了初选，复选却被刷下来。初次失败的打击让她备受煎熬，心中翻来覆去地难受！

沮丧过后，她调整心态，更加刻苦地磨炼自己。一年四季，她始终活跃在舞台上，冬天，天寒地冻，她穿着单薄的戏服，冻得脸色苍白，瑟瑟发抖；夏天，明亮的舞台灯光打在她身上，蚊蚋横飞，衣衫湿透。有好多人不理解，一个小演员，这样努力给谁看？

她听了，心里难过，但依旧用心提高唱腔、演技。

第四年，又逢大赛，她鼓足勇气去报名，没曾想，结果同两年前一样，她又一次铩羽而归。

坐在回乡的汽车上，她一路流泪。想想这些年的艰难跋涉，一次次的希望和失望；再想想如今两手空空，梦想遥不可及，她怀疑自己根本不适合这门行当。心灰意冷之下，她决定从此退出舞台，再不做梦。

她到家乡村办工厂做工，把对戏曲的牵念深埋在心底。

大约半年后，她有事情去邻县，在县城郊外的一处村庄，她迎面遇到一位老妇人。那妇人仔细打量她，然后走到她面前惊讶地问：“你是不是唱戏的董彩云？”她点头称是。那妇人没来由地眼睛就红了，拉着她的手感慨地说：“你唱得真好，俺老伴最爱听。有时听说你来了，跑好几个村子撵着听你的戏。他年头里走了……临走还念叨着想听你的戏……”

夹带着湿雨的风轻轻吹过她的面颊，她握着老妇人的手，一时怔在那里，感动和意外就像那雨轻轻滋润她枯萎的心。她以为她的戏一无是处，她以为自己太过庸常，演戏快十年了，今天才第一次知道她会有如此挚爱她的戏迷。

哪怕只有一个这样的戏迷呢，也足以让她那颗充满怨怼的心释然。她这才明白，艺术的魅力不是你获得过多少奖，也不是你曾赢得了多少喝彩，而是你有没有走进人的心里，有没有给人们心灵的触动。把戏唱到观众心里，让他们喜欢，这样的褒奖又哪里比奖杯逊色呢？

原来，她所有的付出都值得。

她重新走上舞台，那些烦恼郁闷如被风吹散的浓雾，离她远去。她给捆绑太多功利的心松绑，心变得如辽远的碧蓝天空，单纯、轻盈。她在艺术的天地里飞翔，再没有对名望的渴求——只要能走进人心里就好。

这样平静的心态反倒让她在艺术的世界里进步神速。不久，她在县里唱出了名气，渐渐走上省里的舞台。

后来的后来，她就被人称为了“艺术家”。

放下浮躁的心态，踏踏实实走好每一步，别给飞翔的翅膀绑上太多名利的沙袋。翅膀上的重负多了，飞不高，也飞不远，最终还会把自己压垮。静下心来，摈弃浮躁，潜心钻研，生活一定会善待你。

把嘲笑踩在脚底下

在生活中，每个人都会遭遇别人的嘲笑。面对嘲笑，声嘶力竭地反驳无用，因嘲笑而意志消沉无用，只有在嘲笑中正视自己，激励自己，把嘲笑当做动力，用成功回击嘲笑，这才是最好的答案。

不要憎恨嘲笑。成功是踩着嘲笑登顶的。

1956 年，她出生在法国巴黎第九区一个书香门第家庭，她是家里的老大，有 3 个弟弟。因为父亲是一所大学的教授，母亲也是教师，因此，他们希望她也能成为一名教师。可她偏偏不爱这个职业，从小就喜欢游泳，特别是花样游泳，她不止一次对周围的伙伴说要成为一名花游运动员。这一年，父亲正式获许她练习游泳。希望她能实现梦想。她练习很刻苦，可尽管这样，她因为先天条件差，始终没有得到肯定，反而遭到了许多嘲笑。同伴们有的嘲笑她身体僵硬，有的嘲笑她水中表现力太差，甚至有的教练看她训练后都嘲笑她说，她的体能只能应付一般的游泳活动。世上没有不透风的墙，这些嘲笑大多传到她的耳朵里，可幼小的她没有哭泣也没有放弃，她做出了一个让所有人都不解的举动，她将听到的嘲笑一一记下来，每天都把听到的嘲笑写给母亲看，对母亲说："这些都是我的缺点，我要改正。"就是靠着这种劲头，那年她入选巴黎花样游泳队，并获得法国游泳锦标赛的铜牌，同年入选了法国花样游泳队。

17 岁那年，她的父亲去世了。她不得不离开花游队。一边上学一边养家。母亲和祖母需要赡养，3 个弟弟需要抚养，许多人劝她干脆放弃上学照顾家里。可她固执地认为自己既可以上好学，也能照顾好家里。左邻右舍都开始嘲笑她的天真，在她背后议论："她每天家务都干不完，哪有时间学习？他们日常生活开销需要许多钱，她到哪里去找？除非她变成神仙……"这些嘲笑后来同样传到她的耳朵里。她没有向任何人反驳，还是秉持她一贯的做法，把邻居们的嘲笑都记了下来，贴在自己的屋子里。晚上看着这些嘲笑不停地思考，不会家务怎么办？没有时间学习怎么办？这些嘲笑变成了不断催促她思考和进步的动力。这一年。她不但把家里打理得井井有条，还获得了全额奖学金赴美留学……

结束美国留学生活后，她加入了总部设在美国芝加哥的贝克·麦坚时律师事务所巴黎分部。这家律师事务所历史悠久，在全球近 40 个国家设有分支，在同行中的规模数一数二。她很满意自己的工作，在一次闲聊中。向同事述说了心中的理想，她说她希望有一天能当上这个事务所的总裁。她的话一出口，同事立刻哄堂大笑，对她说："别忘了，我们这里历史上还没出现过女总裁！你只懂法律，却不会管理！你一天只知道干活，一点都不懂交际……"她再次把这些嘲笑记下来，然后针对这些嘲笑开始努力。1999 年，她成为该所有史以来的第一位女总裁，5 年后事务所在她的领导下，业绩增长了 50%。

2005 年 6 月，她转入政界，先后出任法国农业部长。后任法国财政部长，而今天她的职务是国际货币基金组织的总裁，她就是克里斯蒂娜·拉加德。

她就任IMF总裁后，一家电视台曾给她做过专访。主持人问她的第一个问题是："你觉得你成功的秘诀是什么？""记住别人的嘲笑。"她立即回答道。主持人很诧异，她急忙笑着解释说："记住别人的嘲笑，不是去报复。其实每个嘲笑都是你需要努力改进的地方，每个嘲笑都是你成功的动力。不要憎恨嘲笑，因为成功是踩着嘲笑而登顶的。"

不要去憎恨嘲笑你的人，试着把这种打击变成感悟，在生命中很多人来到我们身边就是为了历练你。记住别人的嘲笑，每个嘲笑都是你的不足之处，都是你可以改进的地方。换个角度来说，没有他们，没有他们的嘲笑，就没有今天这么坚强的你。

技多未必不压身

俗话说，艺多不压身，就是说一个人会的东西越多越好，说不定以后什么时候就用上了。事实未必如此！现在这个社会需要的不是全才，而是精英。如果把自己变成一个全而不专的人，我们会离“精”越来越远，势必跟不上时代的步伐。

我大学时候学的是英语专业，和很多同学一样，我对未来充满了迷茫，不知道自己以后该如何在职场发展，因为英语只是一门语言，作用仅限于交流，很多非英语专业的人都能够比较熟练地掌握这门语言，都能够很好地用英语交流。

为使以后的路子更宽阔些，于是，我就修了第二专业，学了经济学，希望以后的双学位有助于自己在职场上发展。

后来，我还准备参加教师资格考试，希望自己毕业的时候能够进入学校教书，这样，以后的就业路子就会非常宽。

那阶段，我非常匆忙，业余时间不是去经济系听大课，就是准备考取教师资格证书。

原来以为父亲会对我大大表扬的，没有想到，我在电话里和父亲说后，父亲说道：“你的英语就好到不需要学习了？现在又是学经济学又是准备考教师资格证的，你把时间和精力都分散了。你记住一句话——瓶子里装酒就不能装酱油，人生需要舍弃一些东西坚持一些东西。”

父亲的话让我清醒了过来，我很快停掉了经济学的研修，也放弃了考教师资格证，一门心思学习英语的口语。

毕业后，我进入了一家翻译公司上班。周末，我去一家英语辅导学校给大家讲授口语。

经过两年的自我提高，我的英语达到了同声传译的水平。同声传译按小时收费，每小时酬劳高达一两千元。

后来，我跳槽到一家大型翻译公司上班，经常被公司派到一些大型商务会议或者国际性的行业会议上担任同声传译。因为业绩好，客户们很满意，公司给我的工资很快提高，到了这家大型翻译公司的第二年，我的年薪已经拿到了七十万元，很快以按揭的方式在上海买了住房。

又过了两年，我提前还清了房贷，然后买车、结婚，生活得还算满意。

如今，我每年实际只需要工作四个月，年薪就能达到八十万元。

近些年就业形势不太乐观，我在职场中算是发展顺利的一个，这主要得益于父亲当初的教诲，使得我把时间和精力用在“专攻”英语口语上，使得在这方面领先于许多人，使得在口语方面占得了优势。

生活中有句俗语“艺多不压身”，这句老话在时代巨变后，就很有局限性了。如今很多行业进行细化，远远不止三百六十行了。如今职场对“精通”要求很高，以前的那种“样样通但是样样松”会被职场排斥和淘汰的。只有集中时间和精力把某项技能学精通，才有可能在职场中打开一扇大门！

想着“艺多不压身”，人们往往便这个学一点，那个学一些；仗着“艺多”，人们不愿执着前进，这条路有坎坷，马上换一条道，再遇波折再换——反正我可以选择的路多得很，做不了律师，我还可以做画家呢！最终却发现，自己在人生中节节败退。倒不如那些只有一条路可以选择的人，破釜沉舟，专心精进，最终顺利实现自己的梦想。

圈子的力量

对于圈子，我们并不陌生，在现实生活中，每个人都有属于自己的“圈子”。所谓“物以类聚，人以群分”，用时下的语言来说，这个“群”就是我们所说的“圈子”。圈子是一股强大的力量，一个人“圈子”的大小和氛围，决定了事业的成败和人生的高度。

认识一个姑娘，在北京读民办大学。到北京后，她就一直颇受表姐的照顾。

姑娘的表姐是一位富商的女朋友，姑娘常常跟着表姐泡吧、搓麻将，渐渐学会了喝酒玩骰子。北京对她来说，就是酒吧里的五光十色、度假村的温泉和闹哄哄的麻将桌。姑娘就安心地待在表姐的圈子里吃喝玩乐，羡慕着表姐和她的闺蜜们的生活，盼望自己哪天也遇见一个有钱人。在这个 20 岁姑娘的心目中，家境不够好的女孩只有两条出路，要么就嫁个有钱人，要么就傍个有钱人，否则日子简直没办法过下去。

另一个姑娘，也是北漂，每月拿两千多块的薪水，和老乡一起租住在地下室。工作之余，姑娘最喜欢去动物园的服装批发市场淘廉价衣服，再就是窝在出租屋里用二手电脑看电影。在这样的生活里，姑娘变得很悲观，总是抱怨北漂的日子看不到未来。有一次跟姑娘闲聊，我建议她学点东西提升一下自己，好为以后的升职作准备。听了我的建议，姑娘特别感激，她告诉我，自己平时和老乡们待在一起，大家经常用家乡话聊天，讨论最多的就是老家的事，再就是哪儿能买到便宜衣服，从来没人跟她讲过该如何提升自己。

两位姑娘的经历让我十分感慨，也开始检讨自己的生活圈子。因为我发现，有时候圈子真的很重要，它能决定你的生活态度与人生方向。有一阵子，我感觉特别忙乱，做事很没效率。经过观察我发现，原来那阵子自己交往的都是“穷忙族”，人人喜欢熬夜拖沓刷微博，却把要事都搁在了最后。还有段时间，我迫切地想要买房子，但那时我并不具备买房的经济实力。后来我才知道，自己的这种心态来自圈子里的群体压力，因为圈子里的每个人都在强调购房的重要性，潜移默化中我也受到了影响。

如此说来，想改变自己的人生方向，最有效的办法就是找一个正确的圈子，然后想办法融入，并努力汲取其中的正面能量。在北京艺术圈颇有名气的乔小刀刚刚成为北漂的时候，还是个装修工，接触到的也都是跟自己地位差不多的打工者，但乔小刀不愿和其他人一起喝酒打牌来消磨时光，他想做个搞艺术的。于是，他开始经常去文艺青年聚集的宋庄闲逛，想法子认识了一群搞艺术的朋友，并试着画起了装修画。几年下来，乔小刀还真的开起了公司，做起了艺术家。

也许不是每个人都像乔小刀一样有勇气，想尽办法接近自己想要成为的那种人，融入自己理想中的圈子。可是，我们至少要学会检视自己身处的圈子,看看圈子里的人属不属于自己想要成为的那类人。如果不是，就要果断离开，不要贪恋小圈子带给自己的那一点安全感，却禁锢了自己本应无限广阔的思想。此外，我们还可以通过网络途径为自己营造一个虚拟的圈子，隔空关注自己想要成为的那些人，看看他们读了什么书，看了什么电影，平时又在做什么，然后试着像他们一样生活，也许就能更快地接近梦想。

和什么样的人交朋友，又和什么样的人组成圈子，其实是一个非常严肃的问题。这辈子是走运，还是背运，与自己的圈子息息相关。只是大多数人都是随随便便地交了几个朋友，随意进出一个又一个的圈子，稀里糊涂过完自己的一生。

影响全局的是心态

决定成败的往往不是个人的能力，而是工作的态度；改变命运的往往不是什么机遇，而是生活的态度。有什么样的态度，就有什么样的人生。态度决定你的一切，态度胜于能力！

哈佛大学是世界著名的学府，但并不是每一个哈佛学生都是优秀生，麦克就成绩平平。毕业时，一位教授给麦克的成绩打了个不及格，这件事对麦克打击很大。因为他早已做好毕业后的各种计划，现在不得不取消，真的很难堪。他只有两条路可走：第一是重修，下年度毕业时才拿到学位；第二是不要学位，一走了之。

麦克失望之际，企图做最后的挣扎，他想找这位教授通融一下。然而结局并未如他所愿，在知道结局不能更改后，他大发脾气，向教授发泄了一通。这位教授等待他平静下来后，对他说："你说的大部分都很对，确实有许多知名人物几乎不知道这一科的内容，你将来很可能不用这门知识就能获得成功，你也可能一辈子都用不到这门课程里的知识，但是你对这门课的态度却对你大有影响。"

麦克冷漠地注视着这位教授，对他充满了恨意。教授不为所动，缓缓地继续说："我能不能给你一个建议呢？我知道你相当失望，我了解你的感觉，我也不会怪你对我如此不礼貌。但是请你用积极的态度来面对这件事吧。这一课非常非常重要，它告诉你：如果不培养积极的心态，根本就做不成任何事。请你记住这个教训，五年以后就会知道，它是使你收获最大的一门课。”

在接下来的时间里，麦克重修了这门功课，为了避免再一次失败，他相当努力，最后他以优异的成绩毕业。虽然耽搁了一年，但是麦克在进入社会后，在自己的专业领域很快就小有名气，比其他的同学还要优秀得多。不久，他特地向这位教授致谢，并非常感激那场争论。“这次不及格真的使我受益无穷。”他说，“看起来可能有点奇怪，我甚至庆幸那次没有通过。因为我经历了挫折，并尝到了成功的滋味。”

举大事者不忍则溃，如果麦克不能耐着性子修完这一科，或者教授选择了通融，就没有麦克最后的优异成绩。做什么事情都是如此，每个人都不可能不受到他人的影响，有时候可能因为另一个人的一举一动而破坏全局，但是只要我们调整心态，积极面对，最后的结局总会如愿以偿。

找准自己的定位

你还在苦苦寻找你的人生坐标吗？你还在事业的十字路口迷茫徘徊吗？希腊德尔斐神庙里有这样一句话“认识你自己。”知道自己是谁，从哪里来，到哪里去，才能更大程度地发挥光大自己，充分实现自身的价值。

认识小师傅的时候，他只有 17 岁，一个黑黑瘦瘦的男孩，说话时忽闪着一双大眼睛，看着挺有灵气。

那时候的小师傅还不是小师傅，只是一个皮鞋设计班的小学员，课间休息的时候，他独自在工作台上叮叮咚咚挥舞着小榔头。那天我恰巧来采访这个班，秋阳透过窗户照进这间学员实习的小作坊，阳光下敲榔头的男孩吸引了我的目光。我思忖，这个年龄的孩子应该还在学文化，而他居然已跑来学手艺了。怀着好奇，便进去与他攀谈。男孩有些腼腆，但言语坦诚，他说自己不是读书的料，但动手能力强，父母也没有硬逼着他读书，只是要求他学会一门谋生的手艺。他们家乡有一句俗话，读不好书就做鞋去，他觉得做鞋也蛮好，但更想做有技术的活，在网上查了查，上海有这样的培训班，便从镇江跑来了。

“你现在学得怎样啦？”我问他。男孩有些不好意思地道：“还不太懂，因为没有基础，很多人都能在鞋楦上画线条，可我还没感觉，老师建议我先学做帮面。”我看他正敲打鞋口门上的折边，倒是服服帖帖，可见这孩子干活还挺拿手。

正聊着，设计班的徐老师进来了，他向我介绍道：“以前皮鞋设计都是师傅带徒弟的，现在有些高校也开了这门学科，但主要是造型与外观上的设计。我们的课程偏重于鞋的工艺结构，是和工厂的生产部门打交道，将设计者的想象付诸现实。”他接着又说：“现在是每年毕业的设计人员一拨又一拨，但搞技术的师傅却青黄不接，我们这个班就是培养师傅的……”徐老师还在滔滔不绝，在一旁闷声不响的男孩突然很兴奋地插话道：“是呀，我就是想做师傅那样的技术人员。”望着小家伙一副天真的模样，我们都笑了，说，对对，你将来一定会成为一个好师傅的。

没料到，当初我们只是顺着他的话头随意鼓励了一番，却让小师傅坚定了做师傅的方向。培训结束，怀揣着一张结业证书，小师傅先去了一家鞋厂做工人，从开料、制帮到配底，在一年的时间里，他几乎将整个做鞋的流程都“滚”了一遍。之后，他又回设计班进修，此次回炉，仿佛全身经脉打通，原先一知半解、囫囵吞枣的疑惑，都梳理得清清楚楚。老师也将他作为优秀学员在相关行业做了推荐，小师傅被一家小企业录用了，从事鞋样设计，为此他又专门补习了电脑三维设计的课程。现今就业，别人都是攒着一大把证书去应聘，而小师傅是缺啥补啥倒也实在。两年的设计经历让小师傅的职业规划又推进了一大步。小师傅踌躇满志地又去一家大型鞋企应聘，他早已摸清底细，大企业招聘技术人才更看重的是经历与经验。果然，小师傅以他的年龄优势和从业经历，顺利进入这家企业的技术科，在一群老师傅当中，他还真成了一个小师傅。

我想干什么？我能干什么？天生我材怎么用？四年的努力，小师傅找准了自己的定位，相当于在社会大学读了个本科。那天我去这家鞋企走访，特地去看看小师傅，他长高了，长结实了，眉宇间透出几分成熟与自信，但说话还是那样孩子气。他告诉我，现在他每天都要跑工厂，跟单、管质量，领导挺器重他，他有发展的空间。接着，他俏皮地张开大拇指和食指做了一个手势，悄悄地说："我现在每个月的薪水可以拿到这个数，八千哪！"小师傅春风得意。

人的一生中，位置十分重要，我们很难像达·芬奇那样精通每个领域，但至少有一个领域一个位置是属于你。这一切如同足球场上的十一人，每个人都有自己的专长。但若球员没能找准自己的位置，例如后卫改打中锋，前锋担任守门员，这场比赛不输才怪。唯有找到自己的定位，才能活出自己的价值。

悄然逝去的"最美新娘"

一位善良美丽的新娘，一个普通的农家女，一名敬业的代课教师，在为青海玉树藏族孤儿们送棉鞋的路上，被车祸夺走了年轻的生命，化作了一朵永生的"格桑花"在新生的玉树绽放，用实际行动诠释了人间真情。

时间定格在2012年11月25日9时50分，已怀身孕的25岁教师李成环及她的丈夫和3位同行爱心人士，在为青海玉树八一孤儿学校送去过冬的700双棉鞋和电脑、书籍等物品后，在返程途中车行至果洛藏族自治州玛多县花石峡路段时突降大雪，车子在冰雪路面上失控翻下公路，连翻了3个滚后才停下！李成环的丈夫龚大锁虽左臂严重骨折，但他还是强忍疼痛爬了出来，急忙查看妻子和朋友，这才发现妻子被甩出了车，躺在四五米远的雪地里，鼻子、耳朵和嘴都在流血……

过路群众和果洛藏族自治州的民警火速将5人送往海南州人民医院救治，却因李成环伤势严重，在转至西宁救治途中病情突然恶化，虽经全力抢救，但这位"最美新娘"还是在12月4日下午，带着对玉树灾区孩子们的无限眷恋，带着对这个世界深深的爱，和自己腹中仅两个月大的孩子一同悄然离去。

噩耗传来，青海大地动容，无数人悲痛欲绝。

李成环是个地道的农家女孩，父母都是甘肃省兰州市红古区的农民，全家年收入不超过6000元。并不富裕的家境让李成环从小就很懂事，也很乐观豁达、富有爱心。而她的梦想是成为一名教师，从武威职业技术学院毕业后，她则如愿以偿地成为兰州市第二十四中学的一名生活老师。

2011年年底，李成环经人介绍认识了丈夫龚大锬。而龚大锬则是兰州市城关区城管局的一名协管员。第一次见面，漂亮、温柔、善解人意的李成环便俘虏了龚大锬的心，虽然两人相距100多公里，一个月才能见一面，平时只能打电话、发短信，但两颗年轻的心依然紧紧靠在了一起。龚大锬回忆说：“我们两人的工资都不高，加起来才2200元，但她很朴实，一点也不嫌弃我穷。当知道2010年玉树发生强烈地震后，我就拿出自己的全部积蓄购买了药品、棉被、大衣和食物，并在震后第3天从兰州赶到玉树抗震救灾，而且每年都要到玉树去看望那里的孤儿，并为孩子们送去书包等学习用品后，她不但不反对，还鼓励、支持我。2012年国庆节结婚后，我对她提议，不要像别人那样去度假旅游，将积蓄和办婚礼所剩的1.6万元拿出来，为灾区孩子购买过冬的棉鞋，龚大锬害怕长途跋涉会对她怀孕的身体有影响，就反对妻子去玉树，但在妻子的一再坚持下，龚大锬最终还是依了她。

两人将积蓄和办婚礼所剩的1.6万元全部拿出来，用了几天时间购置了孩子们过冬所需的700双棉鞋。”以及电脑、书籍等物品，与另外3位爱心人士一起，从兰州踏上了前往玉树的道路。

在玉树八一孤儿学校，看着穿上新棉鞋的孩子们欢笑着奔跑着，李成环依偎在丈夫肩上，心里充满了无限欣慰和快乐。

然而，正当李成环还在与丈夫享受人生中最幸福、最快乐的蜜月之行时，没想到厄运突然降临……李成环虽然没有留下一句话，却把最美的身影留在了玉树灾区，将最后的温暖留给了玉树孤儿，她用行动谱写了生命的华章。

李成环不幸去世的消息传到玉树后，八一孤儿学校沉浸在无比的悲痛之中。孩子们含泪祈祷："李妈妈一路走好！我们永远是您的孩子！"老师们含泪送别心目中的"美丽新娘"："尽管您已离去，但您的义举和您高尚的爱心会陪伴我们一生。美丽新娘，请走好，我们会像您一样把真诚、友爱、热情的重担挑起来，去关怀这个世上所有需要关怀的生命。"

李成环，这个年仅 25 岁的"最美新娘"，用自己的真情和大爱温暖了整个雪域高原，见证了感人旅程中生命悄然逝去的那一刻，以行动诠释了中华民族传统美德"大爱无疆"的真谛。

"最美新娘"将蜜月之旅改成为地震孤儿奉献爱心，用自己的实际行动甚至宝贵的生命，向社会传播着最美的大爱精神，谱写了一曲感动中华大地的动人诗篇。"最美夫妇"虽然只是平凡的人，但他们拥有一颗无比善良的心。"最美新娘"传递给人们的不仅是感动，更有担当与责任。

把勇敢当作翅膀

探险精神是人类最美好的精神之一，面对困难不屈不挠更是每个人必修的功课。即使有人因探险而丧生，也不能阻止我们对自己的挑战，更不能改变我们做一个勇敢的人的意志。

晴空万里的初秋，收到女友的短信：亲爱的，我正在万里高空。

几天之后，她的博客上贴出了她穿着厚厚的跳伞服在高空悬浮的照片。跳伞在英文中叫 Skydiving，直译过来是天空潜水。假设碧空是一片深深的海洋，而那些静止不动的云层是洁白的珊瑚礁，深深地一跃而下，你可以看到地面上绿色的田野，彩色的村庄。

每年这个季节，都是先生和他的好友划着独木舟到温哥华群岛漂流的时候。他说秋季来临，天气相对稳定，最美丽的海滩也不再像夏天那么熙熙攘攘。划着小小的独木舟，在那些星星点点密布在温哥华群岛周围的小岛中穿行，常常会有小海豹突然在船头浮出水面，冲你微笑。你低头看它们，它们又害羞地闪躲，善良的黑眼睛映着海水的碧蓝闪闪发光。夜晚，在岸上的丛林中露营，会在帐篷中听见野狼的嚎叫，以及棕熊们笨重的脚步声。

在开学之前，邻家妹妹给自己的奖励是到托菲诺岛学习驾驶风帆船。

她要选择远离蓝鲸出没的海滩，还要学会辨认什么颜色的海水中会有太多牵绊帆板的海藻——这是风帆者遇险的最大因素。托菲诺岛，是电影《暮光之城》的拍摄地，最著名的镜头是一群印第安少年从高高的悬崖纵身一跃，跳入大海中。妹妹说，果然有当地的年轻人，在迎着风的海峡里从悬崖跳下，像电影镜头一样。

听到这样的故事，常常会好奇，为什么周围的朋友里有这么多冒险家。日子久了才了解，探险精神和勇气一直是他们价值观中重要的一部分，这里的孩子从小就被鼓励参加各种野外活动，磨炼自己的意志和体质。

即使这样的探险有时会带来危险。

我所在的城市有一所历史悠久、以英式教育为主的私立学校，带孩子去深山滑雪是学校冬天的传统之一。有一年，师生在深山里遇到雪崩，有6名少年丧生。很多家长要求取消冬季滑雪的项目。那所学校的校长发了一封公开信，他说：探险精神是人类最美好的精神之一，面对困难不屈不挠更是每个人必修的功课。因此即使发生雪崩这样的灾难，也不能阻止我们对自己的挑战，更不能改变我们做一个勇敢的人的意志。每年，他们还是会继续带着学生们到深山滑雪，只是防备措施做得更加详密。

为了融入这种精神，刚工作的第一年我就和同事们一起去滑雪。第一次滑雪，我摔了不下30个跟头，甚至摔到了雪道之下的树丛里。到了终于可以登上更高的地方，从海拔两千多米的山顶盘旋滑下时，我才能真正理解，作为一个勇敢的人，才可以体验飞行般的速度。而这些，仅仅是勇敢的冒险中最小的一步。

我最佩服的女友，计算机专业出身，用了3年时间考下了飞行机师的证书。现在每个周末在飞行俱乐部教人开飞机。我问她最喜欢飞行中的什么部分。她说，驾驶一架双螺旋桨的小飞机，在夜幕降临的时候，选择在群山中飞行。即使有雷达光盘的显示表闪闪发光，你还是要仔细观察整个山区的地形。你可以感觉到机翼下山谷的风肆意穿行，时而把你托起，时而狠狠地推着你。那时，你才真正像一只鸟儿，渴望低空飞行。

其实不是每个人都有条件去学习开飞机或者跳伞，但是我们可以徒步旅行或者给自己时间去攀登附近的一座高山。

把勇敢当作翅膀，每个人都可以飞行。

人类的探险精神是永恒的。正是这样，我们才拥有如此灿烂的文明。即使很多人为此献出了宝贵的生命，但对后来者说，他们的经历是一笔宝贵的财富。培育探险精神对于一个人、一个民族都有积极意义。一个具备探险精神的人，会不断寻求新的征服目标，不断追求人生的境界和高度；相反，一个人、一个民族如果没有探险精神，就不会再有激情。

给敌人一个机会

朋友惯着我们的缺点和坏习惯，因此还会助长我们的恶习。但是，我们可以怀着感激，从“敌人”那里接受对自己的批评，这让我们正视自己的缺陷，精神受到激励。因此，我们不但要接受这些批评，还要学会欣赏它们。

农田的旁边有三丛灌木，每丛灌木中都居住着一群蜜蜂。农夫觉得，这些矮矮的灌木没有多大的用处，心想，还不如砍掉了当柴烧。

农夫动手砍第一丛灌木的时候，住在里面的蜜蜂苦苦地哀求他：“善良的主人，您就是把灌木砍掉了也没有多少柴火啊！看在我们每天为您的农田传播花粉的情分上，求求您放过我们的家吧。”农夫看看这些无用的灌木，摇了摇头说：“没有你们，别的蜜蜂也会传播花粉。”

很快，农夫就毁掉了第一群蜜蜂的小家。没过几天，农夫又来砍第二丛灌木。这时候冲出来一大群蜜蜂，对农夫嗡嗡大叫：“残暴的地主，你要敢毁坏我们的家园，我们绝对不会善罢甘休！”农夫的脸上被蜇了好几下，他一怒之下，一把火把整丛灌木烧得干干净净。

当农夫把目标定在第三丛灌木的时候，蜂窝里的蜂王飞了出来，它对农夫柔声说：“睿智的投资者啊，请您看看这丛灌木给您带来的好处吧！您看这丛黄杨树的木质细腻，成材以后准能卖个好价钱！您再看看我们的蜂窝，每年我们都能生产出很多蜂蜜，还有最有营养价值的蜂王浆，这可都能给您带来很多经济效益呢！”

听了蜂王的介绍，农夫忍不住吞了一口口水。他心甘情愿地放下斧头，与蜂王合作，做起了经营蜂蜜的生意，获得了巨大财富，两者实现了双赢！

面对强大的对手，三群蜜蜂做出了三种选择：恳求、对抗、与对手共赢，而只有第三群蜜蜂达到了最终的目的。商业竞争就是利益之争，对手得益就意味着自己受损，那么结果往往是两败俱伤。为了生存，企业必须学会与对手共赢，以较小的代价换取更大的利益，这种策略类似于棋局中的弃卒保车，它应该成为经营者的必备技巧。人生莫不如此！

为对手祈祷

地衣生命力顽强，踪迹遍布全球。何也？地衣由真菌和藻类组成，真菌吸收水分和无机物，藻类具有叶绿素，利用阳光进行光合作用，制成养料，与真菌共同享受。这种紧密的合作，就是地衣有如此顽强的生命力的秘密。

十多年前，一位旅行家到马来半岛旅游。半岛地处热带，雨林蓊郁，繁花似锦，五颜六色的奇异鸟类在空中飞翔鸣唱。海岸边，碧波起伏，沙滩如玉。岛上的土著居民一身阳光染就的健康肤色，从容而快乐。自然风光让旅行家如痴如醉，淳朴民风更让他流连忘返。特别是偶然遇到的一场奇异的决斗场面，更让他眼界大开。

决斗者是两名萨凯部落的男青年，几乎一样健壮、一样帅气。他们满脸严肃地走到决斗的地点，赤裸着上身，一副不是鱼死就是网破的神情。令旅行家大惑不解的是，决斗者的手中，既没有枪，也没有剑，而是一人握着一根孔雀翎。孔雀翎就是孔雀的尾羽。他们握住上端的羽梗，将下端圆圆的中间有一只美丽“眼睛”的尾部指向对方，找好适当距离站定。

决斗开始了，只见他们举起“武器”，把那美丽的“眼睛”触向对方赤裸的上身，而且专找那些最薄弱的地方，千方百计地给对方搔痒。随着时间的推移，两人的表情也发生着微妙的变化，由怒气冲冲慢慢地变成了“忍俊不禁”，最后，一方终于难耐“折磨”，控制不住笑出声来，决斗即告结束。决斗的双方竟然怒气全消，互相拍拍肩膀，一前一后地离开了。

旅行家问导游：“这是不是一场特意安排的幽默表演？”

导游肯定地答复说：“绝对不是。这是萨凯部落的一个传统习俗，什么时候产生的不知道，但确实已流传了好多年。在这个部落里，一个人若以为受到了别人的侮辱,便可以用决斗来泄愤。决斗的方式只有一种，就是你刚才看到的。决斗的时间没有限制，可以从早到晚，直到一方笑出声来，方告结束。先笑者为输家。笑过之后，冤家对头往往会握手言和。刚才的两个小伙子是一对情敌，为一个姑娘互不相让，所以只好决斗。决斗后胜者高兴，输者也心悦诚服，因为世代相传的游戏规则早已内化为自觉遵守的观念。这样的决斗，不仅能使难题迎刃而解，而且双方身体都不会受到伤害，更不会造成流血。

旅行家的心灵受到了强烈的震撼，他没有想到，在这个近乎原始的地方，竟然存在着如此高超的生存智慧，如此充满艺术魅力的维护尊严的方式。这样的决斗，留给对手的不是血泪和伤害，而是让对手即使失败了，也能笑出声来。

在这个世界上，我们总要不可避免地介入竞争之中，总会有各种各样的对手站在我们面前，这时，我们该用怎样一种心态去面向对手呢？曾经获得世界冠军的美国拳击手杰克，每次比赛前必先安静地祷告一会儿。一次，有人问他：“你在祷告什么？”杰克说：“我在祷告我们双方都能打得漂漂亮亮，最后让我们谁都不受伤。”

为自己祈祷，也为对手祈祷，祈祷自己和对手在竞争中都能少受些伤害甚至不受伤，让对手能在失败后也还能笑出声来。但愿这种充满人性的对手渐渐多起来，这样，我们的生活就多了一份笑声，少了一份泪水；多了一份关爱，少了一份冷漠；多了一份温情，少了一份伤害。

时光也不会记得

活着的最好态度，原不是马不停蹄一路飞奔，而是不辜负。不辜负身边每一场花开，不辜负身边一点一滴的拥有，用心地去欣赏，去热爱，去感恩。每时，每刻。

我的家乡，曾经流行过一种游戏。那时，吃一包干脆面，里面会赠送一张圆形硬卡。卡片上印着花花绿绿的图案，有葫芦娃、孙悟空、奥特曼、圣斗士、黑猫警长还有成龙，反正是电视上流行什么，上面就印什么。这些卡片可以用来相互斗卡，用自己的卡把对方的卡敲翻就算赢，获胜者就可以拥有对方的那张卡。这游戏的成功之处在于，充分地调动起每个人的收藏欲望和竞争意识。我们一帮臭小子拼命地吃，吃得满嘴长泡，就是为了能存一摞卡片，然后一较高下。

当时，我们每个人都有好几套卡。我的卡片最多，大概有十几套，要用塑料桶才能装下。但是，住在我隔壁的一个小男孩，他叫小冰，跟我一样大，家庭条件很差，他只有一套卡，是一套灌篮高手。你要知道，灌篮高手算上赤木晴子，也最多只有九张而已。所以，我们没有一个人不嘲笑他。

我想，他当时的心情一定是自卑的。不过，后来的事实证明，自卑的人不该是他，而是我们。小冰就是拿着那九张灌篮高手，几乎赢走了我们所有人的卡。他敲卡的技巧极其迅猛，完全是一次一个。我们当时全都惊呆了……

后来我才知道，小冰的爸爸是一个木匠，他用薄木片做了九张卡给小冰。上面的图案是小冰照着小商店的海报，自己拿水粉笔画的。呵呵，你想想，我们的卡片是纸质的，小冰的卡片是木质的，无论是分量还是材质，我们都是没有胜算的。

那一刻，我感觉自己的人生都是黑暗的，因为我没有一个当木匠的爸爸。后来，老妈出差，从北京给我带回来很多画着肌肉男的卡片。我当时觉得这些人物真的丑，身材不如奥特曼有型，眼睛不如黑猫警长有神，甚至连胳膊上的肱二头肌，都不如成龙的大鼻子看起来顺眼。直到几个月以后，看过表哥从录像厅借来的几盘录像带，我才知道原来这两个肌肉男都是有名字的，他们一个叫史泰龙，一个叫施瓦辛格。

不过丑归丑，当我把卡片握在手里时，心脏还是猛然一跳。我知道自己这回终于可以战胜小冰了，因为那些卡片，是金属的。事情的结果和我预想的完全一样。我不光用这两个肌肉男翻了本，还替自己的狐朋狗友赢回了属于他们的东西，那九张木质的灌篮高手，也倒在了施瓦辛格那副终结者的金属面孔之下。

当时的我很仗义，有恩慢慢还，有仇立刻报。为了给大家出一口气，也为了展示自己的优越感，我当着所有人的面儿，把那九张灌篮高手扔进了火堆里。我们几个人围坐在火堆旁，看着樱木花道火红的头发在同样火红的火光里慢慢变黑、发焦，最后变成灰烬被风吹走。

那一刻，我看见小冰用袖子抹着不想被人发现的眼泪。后来，小冰再也没跟我们一起玩过斗卡。时间一长，我们也就把这事儿给忘了。直到有一天，小冰骑着一辆漂亮的山地车从我们身边疾驰而过。他扭头看向我们这群手里拿着一堆破纸片的土鳖，脸上露出某种得意的笑。我们不知道他到底在笑什么，但是我们都一致觉得——这小子帅呆了！

几天以后，我们都听说小冰的水粉画获得了市里举办的美术大赛儿童组的第一名，将来可以作为特长生进市重点中学。他爸高兴，给他买了一辆山地车当作奖励。

几米说过："每个人都有一双翅膀，有的人长在脚上，有的人长在手上，有的人长在头上，有的人长在心上。翅膀长在哪里，你的天赋就在哪里。"

每个人都有自己难以启齿的一面。但是说真的，没有人会在乎你。人们不会对你的缺陷念念不忘，人们只会在你最春风得意的时候，突然想起来："哦？那家伙不是少两根手指吗？这也能办到，好厉害……"其实，你失败一千次也不会有人记得你，因为人们只会记住你成功的那一次。

痛苦是通往成功的阶梯

任何人都不会喜欢烦恼和痛苦的滋味，也不会有人留意痛苦过后回味的滋味，更不会有人会渴望生活在无尽的痛苦之中！可是，当你在不经意间获得了这种痛的滋味之后，你会发现，其实痛苦只是生活的先导，它会给你带来意想不到的体验和坚强。

叔本华说：每一部生命史就是部痛苦史。没有痛苦，就没有欲求。我想任何人都不会喜欢烦恼和痛苦的滋味，也不会有人留意痛苦过后回味的滋味，更不会有人会渴望生活在无尽的痛苦之中！可是，当你在不经意间获得了这种痛的滋味之后，你会发现，其实痛苦只是生活的先导，它会给你带来意想不到的体验和坚强。或者说，痛苦是一个挑战，它让人成长，是进步的一个机会，而且往往越是感受到内心的痛苦，越可能激发自己面对痛苦以及找到解决痛苦的通道。

烦恼给了我们寻找自己缺点的机会

如果你生气，是因为自己不够大度；如果你郁闷，是因为自己不够豁达；如果你焦虑，是因为自己不够从容；如果你悲伤，是因为自己不够坚强；如果你惆怅，是因为自己不够阳光，如果你嫉妒，是因为自己不够优秀……凡此种种，每一个烦恼的根源都在自己这里。所以，每一次烦恼的出现，都是一个给我们寻找自己缺点的机会。

孟子不是曾说过这样一句话说："生于忧患，死于安乐。"如果说机遇是上帝的恩赐，那么磨难则是生活的垂青。苦难于天才是一块垫脚石，对于强者则是一笔财富，没有范仲淹的画粥为食，怎么会有"先天下之忧而忧，后天下之乐而乐"的千古绝唱呢？没有欧阳修的荻秆画地，怎么会有"醉翁之意不在酒，在乎山水之间也"的潇洒词句？所以法国作家巴尔扎克说："挫折就像一块石头，对于弱者来说是绊脚石，让你却步不前；而对于强者来说却是垫脚石，使你站得更高。"

痛苦给我们力量

很多童话故事中讲述的都是同样一个主题——主人公为着一个拯救什么，或是为了寻觅宝藏，总之一条主线就是主人公鼓起勇气出征探险。在探险的过程中主人公可能会遭遇到各种惊险甚至妖魔鬼怪，这些遭遇都会给主人公带来不同程度的恐惧和痛苦，但同时也会激发出主人公自己都不知道的潜能来与他所遭遇的这些惊险相抗衡。最终，在这种与恐惧和痛苦的挣扎和抗衡中，主人公发现了自己战胜痛苦的力量。这种力量帮助他找回真正的自信，这种力量更帮助他无论遇到什么样的恐惧和痛苦，都可以无所畏惧、直面人生。

所有的一切你承受的痛苦，都会给意想不到的力量。当你失去亲人时，你会痛苦，但也学会了思考——如何更好珍惜和善待活着的人，当你没有了挚友的关爱时，你会痛苦，也学会了思考——是什么让你没有了值得别人付出信任的动力；当你的生活发生了前所未有的变故时，你会痛苦，也学会了思考——是社会给了你机会还是在惩罚你的无知和贪婪。事实上，痛苦，它丰富了我们的生命，扩大了我们的包容心，也让我们了解了我们可能所不知道的自己，同时更让我们成为真正的自己。

一般来说，成功不能轻易获得，我们需要忍耐等待成功的痛苦煎熬。从某种意义上说，要获得成功，“钢铁般的意志比智慧和博学更重要”（爱因斯坦）。由毛毛虫变成茧，再破茧而出、羽化为蝶，是一个漫长而痛苦的过程。在这个过程中不仅需要奋力抗争，不断挥动翅膀，使之富有飞翔的力量，而且要忍耐在黑暗中长久等待、渴望光明的痛苦煎熬。在痛苦中蜕变，在忍耐中修炼，在煎熬中提升，经过长期的积蓄力量、磨练心性才能实现自由飞翔的质变，没有对痛苦的深刻体验，就没有破茧而出的内心敞亮；没有对困惑的不断思索，就没有豁然开朗的人生觉悟；没有对煎熬的长久忍耐，就没有永不言败的坚强意志。

逆境让人成长

英国某小镇上，有一对贫困夫妇，生了一对双胞胎，但家庭条件使他们没有能力负担这对双生子。于是这对夫妇发出告示，愿意把一个儿子送给别人抚养。一对年老的百万富翁夫妇，好心地收养了双胞胎中的哥哥。而弟弟则继续留在原来的家中。20 年后，哥哥沦为街头的流浪汉，而弟弟却进了英国著名的牛津大学学习深造。原来在这 20 年中，这对双胞胎兄弟过着完全不同的生活。哥哥在进入富裕的家庭后，过着所谓的上流社会的生活，被花花世界冲昏了头脑，不思上进。最终，愤怒的富翁老夫妇没有把遗产给他，而他又毫无谋生技能，所以只能流浪街头。弟弟始终过着贫穷、清苦的生活，甚至连最基本的读书都不能完全保障，但在父母的激励下，成功地通过了牛津大学的入学考试。

卢梭曾说过："一只雄鹰在练习飞行时，总是随风而飞，如果遇到危险就转过头来逆风而飞，反而飞得更高。"所以，皮鞭下造就了高尔基。鹰隼经历了折民办的痛楚，才有了搏击长空的力量；梅花经历了寒冬的洗礼，才有了傲雪迎霜的芬芳。

别林斯基说过："苦难是人生的第一所大学。"孟子也曾云："天将降大任于斯人也，必先苦其心志，劳其筋骨，饿其体肤，空乏其身，行拂乱其所为，所以动心忍性，曾益其所不能。"只有在逆境中前行，化阻碍为动力，生命才会精彩。

选择退出的艺术

作为一个受世界关注的明星，退出必须抓准时机。时机抓得准，是光荣退休，不但能留下美好的回忆，更会退而难休，不断会有工作送上门；相反，便是黯然引退，无人关注，带着壮志未酬的遗憾。

退也需要讲究时机。

时机抓得准，是光荣退休，不但留下美好回忆，更会退而难休，不断会有工作送上门；相反，便是黯然引退，无人关注，带着壮志未酬的遗憾。

我虽然不是足球迷，但爱看大卫·贝克汉姆和领队亚历克斯·弗格森的程度不亚于娱乐圈的巨星。因此看球赛只看曼联，更买了他的自传，亦爱屋及乌，买了他的辣妹太太维多利亚的自传。

所以当2003年弗格森将贝克汉姆卖掉时，我一度非常不满弗格森，却又无奈地要佩服他过人的自信，他不怕卖掉贝克汉姆会成为贝粉公敌，影响票房，认为球队就算少了贝克汉姆也能保住班霸宝座，是个超强领队。踏入五月份后，这对冤家如预先约定般相继宣布退出，有如一个时代的结束，而两人的退休宣言大意都是：特意选在事业的巅峰退出。

弗格森统领曼联球队超过四分之一个世纪，在曼联重夺英超冠军后宣布退休。他选在曼联最强盛时为自己画上闪亮句号，叫球迷不舍，球会才会忙不迭挽留他出任球会董事，要继续借助他的光环，保持球迷对曼联的拥戴和归属感。

如果弗格森是在曼联连连败阵时宣布退休，球迷断不会对他依依不舍，还会反过来痛骂他怎么还有颜面留任，他宣布退休，换来的不会是欢呼、掌声，球会更会视他如瘟神，与他划清界限，又怎会重金礼聘他做董事?

在球队辉煌的时候说再见，弗格森单是出自传已可大赚一笔，“常胜将军”的自传总比“常败将军”的卖得好。

世事人脉间总有份微妙的牵引，弗格森宣布退休后第八天，由他一手提拔成为超级球星的大卫·贝克汉姆亦宣布退役。

贝克汉姆好像就是等弗格森宣布退休，他才甘心宣布退役，就像娱乐圈不成文的规矩，大家“斗长命”，谁先走或“被退”即被视为输了。

贝克汉姆比弗格森长命8日，心理上，他赢了。

过去的这些年里，有好几个难关足以令贝克汉姆退，当时如果他退，他便彻底地输了，遗憾终身。

在香港娱乐圈，退得最聪明的是谭咏麟。他是最早宣布不再领取任何音乐颁奖礼奖项的人，原因是要“让奖”给其他歌手，给他们“出头”机会。

谭咏麟在最风光一刻退出颁奖台，没坏自己名声，又为自己减去争奖的巨大压力，更为自己添上大将之风，而关键的是他不是宣布退休或是封麦退出歌坛。就如贝克汉姆，他只是退役不当球员，但仍可以做一切与足球有关的业务，例如做领队、做亲善大使，下个月他就要到上海做中超亲善大使。谭咏麟的情况大同小异，不上颁奖台，但他没离开娱乐圈，他继续出新歌、开演唱会，没有奖项的压力，他在歌坛游走得更自在。

梅艳芳当年也曾因一时之气于1990年宣布退出歌坛，引起轰动。当时梅艳芳的确选了一个最适合退出的时机，可是她四年后便宣布复出。梅粉当然欣喜，梅艳芳却要承受出尔反尔的狠批，更印证“不可轻易言休”的道理。

张国荣为了追求更多私人空间，在事业巅峰时宣布退出乐坛而不是娱乐圈，因此他退出未满一年复出拍戏，无人会挑剔他，后来顺其自然地唱电影主题曲，再发片时，外界反而更期待。这一切的做法就因他听从经纪人陈淑芬劝告，留下转圜余地。

林青霞和钟楚红在事业如日中天时宣布退出嫁人，到今天大家仍期待她们复出拍戏，她们则只做代言人、出席商演而不拍电影，做“玩票式”艺人，既可选择性享受前呼后拥，又无竞争的压力，这也是“退”的艺术。

“逆水行舟”能制胜，而“急流勇退”能立于不败之地，这两者之间都含有同一个道理——凡事都会由盛而衰。因为上帝在关上一扇门时，也会为你打开另外一扇门。如果不能在原来的领域里继续驰骋，也可以利用的自己智慧和人脉做其他的事情，或许马上就会焕发出第二春。

给自己树一个假想敌

很多成功人士从小就学会了通过树立假想敌来激励自己，从学生时代、到参加工作、到成为专家、管理者，每个阶段都有一个假想敌。他们从不缺少对手，所以他们的身体时刻处于紧张状态，精神高度戒备，进步总是迅速。

我的第一个敌人叫黄帧，不过连她自己可能都不知道会跟我变成敌对关系。

那时我刚刚步入职场，对公司财务部的一个男同事颇有好感，可惜人家对我没啥感觉，因为谁都知道他在暗恋黄帧。黄帧弹得一手好古琴，在公司年会上一曲成名，被誉为公司的“第一古典美人”。

各方面来衡量比较，我似乎都不是黄帧的对手，但我不甘心光芒被她掩盖。既然做不了朋友，那就做敌人吧。

在别人看电影逛街的时候，我在音乐学院开设的补习班从头开始，参加有难度的箫艺培训班。从初级班到中级班再到高级班，我花了十个月时间。

年终晚会前我主动找到黄帧合作，我们俩排了一曲琴箫合奏的《笑傲江湖》。我们很是下了点本钱，专门去省剧院租了古装，她是古代仕女打扮，我则是反串的书生扮相。登场便是一阵轰动，苦练的曲目更是毫无错漏。

第二天，每个看到我的人都跟我打招呼，说真没想到我还有这么深藏不露的一手绝活，都快要抢下公司第一美女的风头了。除了在公司声名鹊起外，我就这样开始有了追求者。

在与第一个假想敌的对决中获益匪浅后，我将这种四面树敌的做法延伸到了更多的领域……

我们公司是做贵金属和珠宝销售的，个人亲和力和影响力就成了工作业绩不可或缺的因素。但这偏偏是我比较欠缺的，我的性格比较硬，哪怕挤出笑容也不如别的女同事那般温柔可亲。在业绩上，我给自己找的假想敌是葛丹。她是一个温柔似水的女人，同样是工装套裙，穿在她身上就有一种我们望尘莫及的风韵。而且，她对于男顾客杀伤力无穷，露齿一笑再加上温言细语，有购买计划的十有八九会开单付款，让我们眼热不已。

我最后选择的，是跟她反其道而行之。既然你走女人路线，那我就走男人婆风格。我申请将自己的工装套裙换成了工装裤，头发剪短成李宇春风格，耳环也换成了耳钉，再戴上一副方大同式的镜框，乍看上去就像个帅气的假小子。

效果立竿见影，比起葛丹对男顾客的“杀伤力”，我对于女顾客的销售业绩旋即就有了大幅提升。我这才感觉到当中性成为一种存在时，竟然也能发挥出意想不到的作用。尤其是那种中年妇女，对我这种假小子的造型竟然青睐有加——我暗自猜测，可能恰恰因为葛丹太有女人味，所以会使得同性顾客下意识地抵触和反感，跟我比起来，再没女人味的女顾客都要比我像女人，此种优越感油然而生之后，照顾我的生意也就是理所当然的了。

树敌太多会累吗？我想说明的是，假想敌不是用来惦记的，而是用来战胜的。比方说在我用箫艺吸引了男友后，黄帧就已经不再是我的敌人了，而当我通过走中性销售路线成为明星员工后，葛丹这个假想敌的影子也就被我抹去了。她们激发了我的自我成功，我已经胜出了，还有什么必要放不下呢？

很多时候，我们面临的困惑是不知道自己要去哪儿。每逢此时，假想敌——那个不近又不远、真实又虚幻的对立存在，就具有了某种拯救性的意义。在和他的战斗中，我们总能发掘出自己意料之外的强大潜力，并最终完善自己。

斗士是怎样炼成的

人生的道路曲折漫长，失败、逆境、不幸如家常便饭，如生活的穷困、家庭的离散、身体的疾病伤残等。面对这些问题的考验，我们不能消极回避，而应直面正视，积极寻求克服和战胜挫折的有效途径，抚平伤痕，向人生的成功目标奋斗。

在一次酒宴上，我认识了一位叱咤风云的企业家，家乡的各级报纸曾对他有过多篇报道，他的故事我早已耳熟能详。

少年时，父亲常年卧病在床，生活的全部重担压在母亲孱弱的肩上。一天，母亲上山为父亲采集草药时，不慎滚落山崖，当场昏厥过去，再也没有醒来。听闻噩耗，父亲一口气没缓过来，也去了。一天内痛失两位至亲，遭此沉重打击，15 岁的他一下子沉闷了许多。乡亲们看他孤苦伶仃甚是可怜，于是经常接济他。可要强的他不肯接受大家的帮助，一个人苦苦地熬过了生命中第一个寒冬。

18 岁时，他去县城的大修厂做学徒。由于心灵手巧，加之刻苦好学，三年不到，他就掌握了全部的修理技术。可好景不长，大修厂很快倒闭，他空有一身本事却失了业。

别人看他技术好，拉他入伙共同办修理厂。几年下来，积累了丰厚的资金。后来，合伙人借口要进新设备，卷走了全部的积蓄，逃得无影无踪，只留给他一个破破烂烂的院落。

很显然，他又遭遇了人生的一次重创。乡亲们很为他担心，以为他会从此一蹶不振，失去生活的信心。那段时间，他整天不言不语，着了魔一般拼命地干活，头发蓬乱，满身油污，三十出头的年纪落魄得像个五十岁的老者。

由于他的修理技术已臻炉火纯青之境，很快便东山再起，有了自己的修理厂。不久，修理厂规模越来越大，许多小修理铺都主动投到他的旗下。后来他又涉足食品加工，近几年又搞房地产开发。每一次的投资都险象环生，可他就是凭着顽强的信念，一路披荆斩棘地走过，终于获得了巨大的成功。

他从小时运乖蹇，命运多舛，人生可谓跌宕起伏，他的创业史更是血泪斑斑，令人不忍卒读。然而，每次陷入人生的低谷后，他总是及时收拾残破的心情，重整旗鼓，走出困境。

席间，我好奇地询问："是怎样强大的信念在支撑着您，使您成为打不倒摧不垮的钢铁斗士？"

他微微一笑，淡淡地说："尝的苦水太多了，便学会了先抱荆棘后拔刺。"

"先抱荆棘后拔刺"，这句蕴含深刻哲理的智慧之语猝然击中我心底最柔软的角落，心弦蓦地颤动不已。是啊，每个人的人生都不是一帆风顺的。当我们遭逢人生的"滑铁卢"，遇到无法选择无法逃避的命运时，是满含忧愤地诅咒命运的不公，终日怨天尤人、自暴自弃，还是坦然地接受它，义无反顾地把荆棘抱入怀中，然后忍着剧痛，把侵入肌肤痛进骨髓的那些尖利的刺一点点地剔除干净，一面自我疗伤，一面坚韧执著，将生活的苦难酿成芬芳醇香的美酒，敞开胸怀，迎来生命的春暖花开。

路漫漫其修远兮，谁都无法预知前路会发生什么。当坎坷泥泞、风雨凄迷之时，一定要以沉潜淡定之心、从容豁达之态，以坚不可摧的勇者之姿，直面现实，将荆棘抱入怀中，勇敢地挑战厄运，咬紧牙关，迎难而上，把那些扎人的刺一根根拔掉，这才是真正的勇之